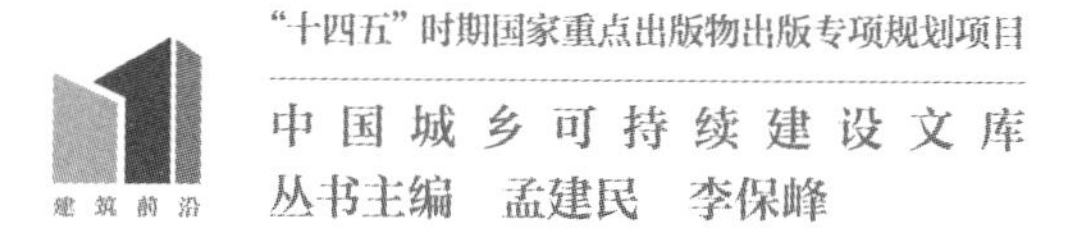

2023年度教育部人文社会科学研究青年基金项目“山东半岛海防卫所型传统村落景观基因图谱构建研究”（批准号：23YJC760095）

Landscape Structure and Preservation Strategies of Traditional Seaweed-house Villages in the Jiaodong Peninsula

胶东半岛海草房传统聚落的景观构造及其保全策略

U0362862

钱玉莲　曲琳平　王刚　等　著

華中科技大學出版社
http://press.hust.edu.cn
中国·武汉

图书在版编目(CIP)数据

胶东半岛海草房传统聚落的景观构造及其保全策略 / 钱玉莲等著. -- 武汉 : 华中科技大学出版社，2024. 10. --（中国城乡可持续建设文库）. -- ISBN 978-7-5772-1368-2

Ⅰ. TU241.5

中国国家版本馆 CIP 数据核字第 2024XC8130 号

胶东半岛海草房传统聚落的景观构造及其保全策略

Jiaodong Bandao Haicaofang Chuantong Juluo de Jingguan Gouzao ji Qi Baoquan Celüe

钱玉莲　曲琳平　王　刚　姜云霞　于瑞强　著

策划编辑：王一洁
责任编辑：叶向荣
封面设计：张　靖
责任校对：阮　敏
责任监印：朱　玢

出版发行：华中科技大学出版社(中国·武汉)　　电话：(027)81321913
武汉市东湖新技术开发区华工科技园　　邮编：430223

录　　排：华中科技大学惠友文印中心
印　　刷：武汉科源印刷设计有限公司
开　　本：710mm×1000mm　1/16
印　　张：11.25
字　　数：166 千字
版　　次：2024 年 10 月第 1 版第 1 次印刷
定　　价：98.00 元

本书若有印装质量问题，请向出版社营销中心调换
全国免费服务热线：400-6679-118　竭诚为您服务
版权所有　侵权必究

前言

党的十六届五中全会提出“建设社会主义新农村”的历史任务以来，美丽乡村建设活动如火如荼地展开。传统聚落的保全与开发受到越来越多的关注，而针对传统聚落的改造项目也于全国范围内陆续落地。在众多聚落改造项目当中不乏成功的案例，但同样，改造运营不尽如人意的项目也比比皆是。新的时代背景下，传统聚落的保全与开发究竟依据何种标准去推动？而平衡保全与开发的“度”又应该如何去把握？传统聚落的保全如若从景观的视点去考量，则需保全哪些景观要素及肌理？保全的尺度又该如何界定？这一系列问题都成为众多学者亟须解决的研究课题。

不同区域、类型的传统聚落，如何去定义其各自的景观特征？如何准确、有效地凝练出不同区域聚落的景观肌理，既能防止出现“千村一面”现象，又能避免因改造不善造成的重复建设？带着这些问题，笔者以胶东半岛海草房传统聚落为例，尝试凝练出该地区的特色景观肌理，为中国传统聚落保全与开发提供一个案例参考。

针对传统聚落的既往研究大多选取个别典型聚落进行探讨，而对整个区域的成片聚落统一考察的却为数不多。笔者观察发现，一个地区往往存在其区域特色的自然及文化景观肌理，如果仅从单体聚落的尺度探讨，很难把握聚落之间的内在文化关联性。另外，同一地区一定数量聚落样本的选取，能够确保数据统计的准确度，对于区域整体景观肌理的凝练也更有价值。基于以上考量，本书选取了海草房保存相对完整的威海荣成市宁津地区作为研究对象，对整个区域的 52 处自然聚落进行整体考察。

本书从时间和空间两个视点着眼进行研究。一方面，在时间视点上，梳理整个地区聚落群形成的历史脉络，把握该地区各聚落形成的时期、时代背景、聚落原始功能及选址特征；同时考察 20 世纪 80 年代以来该地区聚落的景观变迁状况。以时间为轴线，对该地区聚落在空间结构、产业功能及土地利用等方面的历史演变过程进行探讨。另一方面，在空间视点上，小到包含村民生活的民居建筑、街巷空间在内的聚落尺度，中到包含生产空间、信仰空间、防卫空间、生活空间的土地利用及人工设施的村域尺度，大到包含整个宁津地区的山海、河流、地势、聚落群在内的地域尺度，从不同空间尺度探讨景观要素的结构和功能关系，考察住民的生活空间、生产空间、信仰空间、防卫空间的空间布局，探讨聚落选址、历史产业与聚落形成时的历史背景的关系。基于纵向的时间轴线、横向的空间轴线，多维度、深层次地凝练该地域在其特定文化历史背景下形成的景观肌理。本书的最后章节，通过梳理各尺度景观的变化状况及聚落保全制度的形成脉络，进一步探讨乡土景观肌理的有效保全机制。

在此，我要特别感谢我的两位导师下村彰男教授和小野良平教授，他们的悉心指导让我在科研的道路上找到方向，他们为人师表、无私奉献的师者风范，也时刻鞭策我在工作岗位上谨守为人师者的本分。

目录

1 绪论

1.1 研究背景

本书的编写目的是深化我国传统聚落景观模式的探讨，同时也为今后传统聚落的保全、利用及乡村建设提供参考。

自 20 世纪二三十年代开始，我国农村建设运动陆续开展起来。而伴随着中华人民共和国成立初期的人民公社化运动及改革开放时期的土地改革运动，农村住民的生活尺度、生活方式及思想观念都发生了显著变化，随着生活节奏的加快，传统民居更是在逐渐消失。

传统民居建筑建造年代久远，分散在偏远和贫困地区，其结构和自然环境正在被破坏。同时，由于风、雨、洪水、地震和台风等自然因素的影响，传统民居建筑质量已经恶化，有的甚至倒塌，因为其建筑材料是天然材料。

近年来，随着我国城市化的发展，农村人口和农村聚落的数量也在迅速减少，大量的农村人口已经迁入城市。相关数据显示，2012 年，我国有 230 万个聚落，比 2010 年的 271 万个和 2000 年的 363 万个有所下降，这意味着平均每天有几百个聚落消失。

另外，2006 年的新农村建设运动更加强调农村住区的统一性和清洁性以及设施的独立功能，而对住区的地方特色关注较少。许多方便的现代建筑和设施已经建成，这使乡村失去了地域特色，形成了“千村一面 ”的单一聚落景观。与此同时，人们对过往生活产生了怀念之情，故而对保全农村传统聚落景观的兴趣越来越大。

为保存和保全传统住区，2012 年 4 月，我国住房城乡建设部、文化部、国家文物局和财政部联合开展了我国传统住区调查，并制定了传统住区的评估体系和登录制度。本书将被登录的海草房聚落作为研究对象。

在我国胶东半岛的沿海地区分布着被称为“海草房 ”的房屋。这些房屋的墙壁用石头砌成，屋顶采用高耸的人字形设计，上面堆砌有 5～10 m 厚浅海海域生长的海草，因此得名海草房(图 1-1、图 1-2)。在胶东半岛的沿海地区，大量的海草被海浪冲上沙滩，绿色的海草晾干后变成银灰色，收集起来非常便利。此外，海草盐分含量高，既不易燃烧，也能够防虫蛀、防霉烂，与生长于陆地的杂草或木材相比，更易保存，所以海草作为屋顶建筑材料被广泛采用。另外，海草屋顶具备冬暖夏凉的特性，深受当地住民喜爱。这些有海草屋顶的民居建筑聚集在一起形成的聚落，被称为“海草房聚落”。

图 1-1　海草房民居建筑

(荣成市宁津地区宁津所村)

考古专家称，自新石器时代以来，胶东半岛沿海住民一直用海草建造简单的构筑物。秦汉至宋金时期，海草房逐渐形成房屋雏形，后来被广泛推广使用。而到了元明清时期，海草房则成为当地最受欢迎的民居形式。村民们住在密集排列的海草房当中，一边进行农事劳作，一边通过一定的渔业作业获取食物。海草房聚落景观是当地住民在日常生活、生产的基础上形成并一直传承下来的，受到当地地理、文化、气候和历史的影响，蕴含了当地独特

图 1-2　海草房聚落景观

(荣成市宁津地区东楮岛村)

的自然及文化特征,现在具有宝贵的历史和文化价值。

然而,从 20 世纪 70 年代开始,随着社会经济技术的发展,以及海草资源的缺乏和居住理念的改变,海草屋顶不再被当地住民采用,取而代之的是许多现代风格的砖瓦屋顶建筑(图 1-3)。1994 年以后,当地基本不再建造新的海草房,现存的海草房也因保全不当而坍塌或废弃(图 1-4)。因此,海草房的数量正在减少,很多传统的房屋正在消失。

(a) 东楮岛村

(b) 宁津所村

图 1-3　砖瓦屋顶建筑

此外,由于土地利用状况的改变、公共设施的迁移和居住空间功能的变

(a) 东楮岛村

(b) 所前王家村

图 1-4　坍塌或废弃的海草房

化，海草房聚落的空间结构也发生了很多变化。传统的海草房聚落景观特色逐渐消失，使得海草房聚落的保全工作成为一项挑战。

1.2　研究目的与对象

1.2.1　研究目的

本书从海草房的建筑材料与工艺、建筑样式、形成史、分布与保存现状几个方面进行梳理，具体从以下三点进行讨论。

(1) 在梳理明代时期胶东半岛人口迁移相关制度及历史迁移状况的基础上，将宁津地区海草房聚落根据其形成时期及历史背景进行划分，并探求该地区各时期聚落形成的历史背景与其选址和功能的关联性。

(2) 从地域、村域、聚落三个尺度把握宁津地区海草房聚落的景观特征，并对其成因进行探讨。

(3) 梳理我国建筑及聚落的保全制度和山东荣成市宁津地区聚落保全的现状，阐明我国传统聚落保全的问题点，并探讨今后针对传统聚落的保全策略。

1.2.2 研究对象

考虑到地域景观的特性，海草房的保存完整度、集中度，以及资料入手的可行性等因素，本书以山东省荣成市宁津地区[①]的 52 个自然聚落作为研究对象（图 1-5）。

在山东省荣成市，很多聚落都存在着海草房片区，荣成市也是胶东半岛沿海地区海草房聚落保留比较集中的地域。因此，过往很多对海草房的研究，都选择保全状况相对良好的荣成地区的聚落作为研究对象。此外，作者梳理以往研究发现，位于荣成地区内的海草房聚落，因受自然条件影响，整处聚落房屋密集排列成方块状，且聚落具有一定的方向性，大多分布于河左岸坡地处。另外，在各聚落当中，可以看到民居建筑与周围土地利用相结合，聚落内部由海草房民居及各种设施形成的聚落空间也具有一定的秩序性，充分反映了当地独特的自然与人文特征。因此，在关于海草房聚落的研究当中，荣成市已成为具有代表性意义的研究地域。

宁津地区位于荣成市东南沿岸，多数住民目前以从事渔业与养殖业作为主要的经济来源，而农业生产则作为辅助产业，往往用于保证住民粮食的自给自足。明代初期，宁津地区则是作为驻军卫所，承担着海上防卫的军事功能，随着各个时期不同历史背景下移民的陆续迁入，该地区陆续形成承担各种功能的原始聚落。其特殊的历史文化、自然气候、地理区位等因素，使得该地域聚落具备与其他地域不同的特色景观特征。宁津地区海草房历史悠久，几乎所有聚落都有成片的海草房遗留下来，成为胶东半岛保存最完整的珍贵古聚落群。另外，从资料收集的角度考虑，宁津地区海草房聚落也有着相对丰富的文献及历史资料储备，可确保后续研究的可持续性。

近年来，随着经济的发展，宁津地区还形成了很多拥有不同建筑材料及风格的民居建筑，传统的海草房聚落景观也随之发生显著变化。此外，伴随

---

① 宁津镇旧区划名称，属荣成市。原为宁津乡。1989 年 12 月 18 日，经山东省人民政府批准撤乡，设立宁津镇。2000 年 6 月 23 日，鲁政函民字[2000]52 号文批准，镆铘岛镇并入。本书中宁津地区特指不包含镆铘岛镇在内的原宁津镇地区。

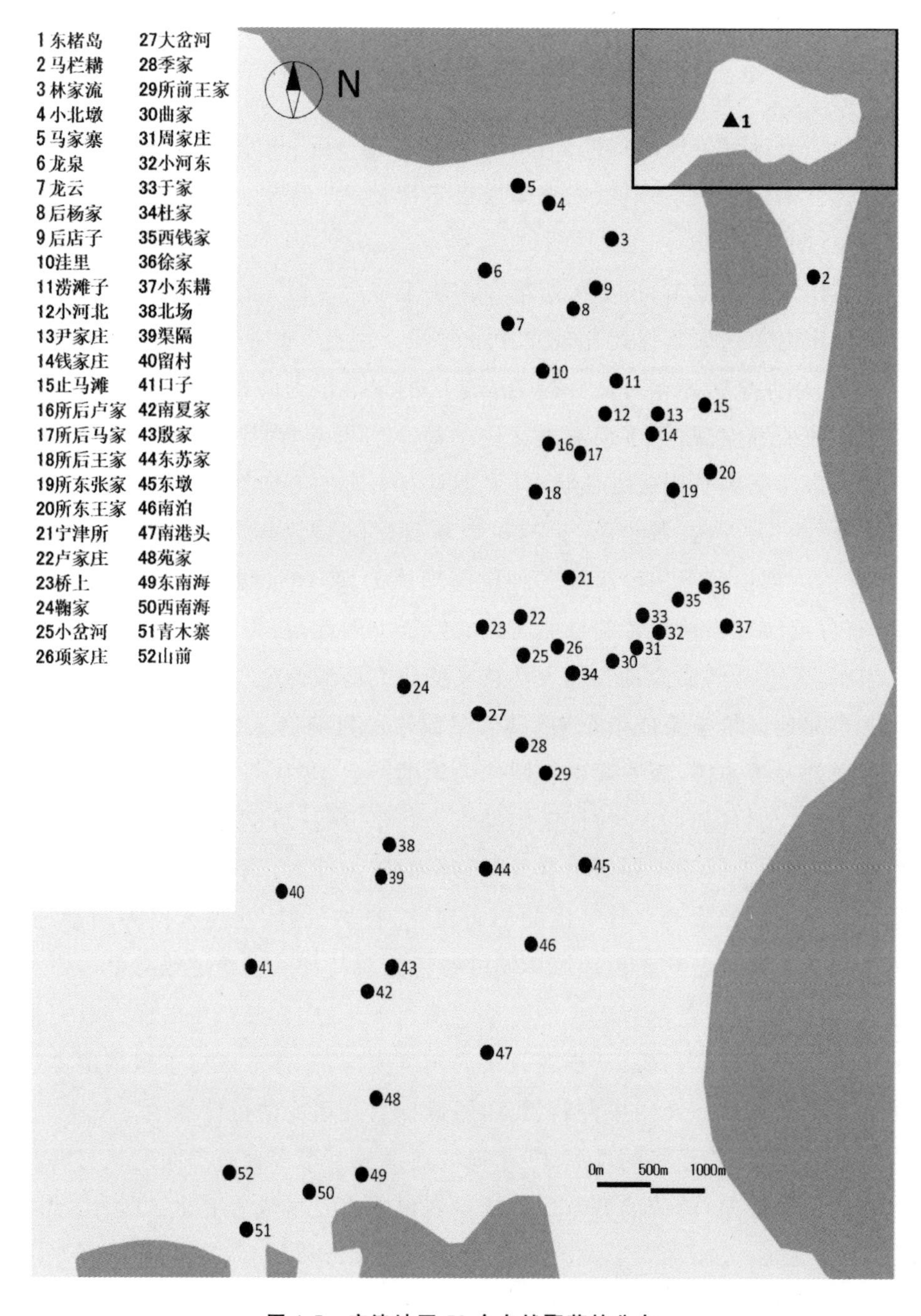

图 1-5　宁津地区 52 个自然聚落的分布

着农村的城镇化，自然聚落的合并与消失也成为景观保全的重要课题。

2006 年，海草房建筑技艺被列入山东省非物质文化遗产名录。从 2012 年开始，宁津地区海草房聚落陆续被列入国家级或省级传统聚落。截至 2023 年 4 月，宁津地区 52 个自然聚落中，东楮岛、留村、东墩、渠隔、马栏耩 5 个聚落被认定为国家级传统聚落，另外 7 个聚落则入选省级传统聚落。从高达 23%的传统聚落入选率也可以看出该地区的历史文化特色及古聚落保全价值。随着海草房关注度的提升，作为海草房传统聚落代表的宁津地区，与其相关的研究也陆续增多。而在一定地域尺度上对海草房聚落的历史形成脉络及空间特征的系统研究还很少。综上，本书选择山东省荣成市宁津地区作为研究范围。

1.3 研究方法

1.3.1 研究视点

本书主要从以下两个视点展开研究(图 1-6)。

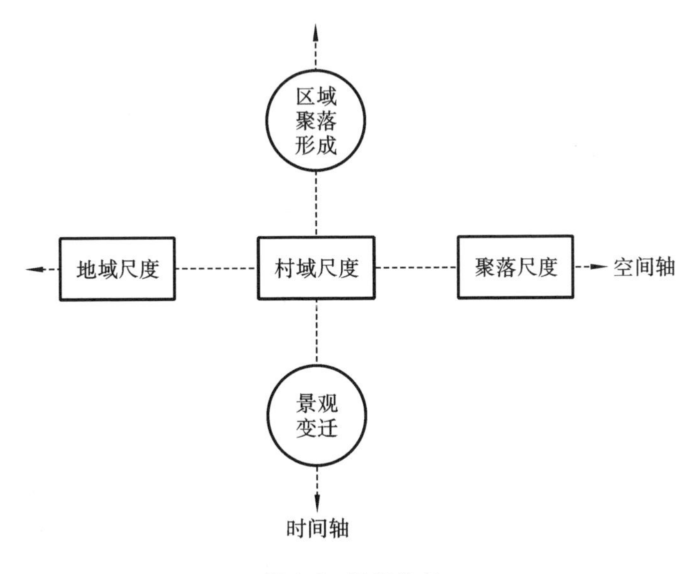

图 1-6 研究视点

一方面，在时间视点上，梳理整个地区聚落群形成的历史脉络，把握该地区各聚落形成的时期、时代背景，以及各聚落原始功能及选址特征；同时考察20世纪80年代以来该地区聚落的景观变化。以时间为轴线，对该地区聚落在空间结构、产业功能及土地利用等方面的历史演变过程进行探讨。

另一方面，在空间视点上，小到包含村民生活的民居建筑、街巷空间在内的聚落尺度，中到包含生产空间、信仰空间、防卫空间、生活空间的村域尺度，大到包含整个宁津地区的山海、河流、地势、聚落群在内的地域尺度，从不同空间尺度考察景观要素的结构和功能关系，考察住民的生活空间、生产空间、信仰空间、防卫空间的相互关系，从而深度把握一个地域在其特定文化历史背景下形成的乡土景观特色，并探讨这种乡土景观特色的保全机制。

1.3.2 相关概念

1. 传统聚落

本书中的传统聚落，特指“古聚落”，指形成时间较早（民国前），拥有丰富的自然和文化资源，具有一定的历史、文化、科学和社会价值，具有保全价值的聚落。

传统聚落认定标准如下。

(1) 现存建筑具备一定的久远度；建筑占地达到一定规模，现存传统建筑群和周边环境保存有一定的完整性；建筑的造型、结构、材料及装饰有一定的美学价值；具有对传统技艺的传承。

(2) 传统聚落在选址、规划等方面，代表了其所在地域、民族及特定历史时期的典型特征；具有一定的科学、文化、历史及考古价值，并与周边自然环境相协调，承载了一定的非物质文化遗产。

本书不限于已被相关名录收录的传统聚落，其他自古形成的“古聚落”也包含在本书的研究对象中。

2. 历史文化名镇名村

《中华人民共和国文物保护法》已于2002年首次对"历史文化名镇名村"进行了明确界定。历史文化名村（聚落）由于具备空间、文化和建筑形式的地域独特性，而被认为保全价值较高。

3. 景观构成要素与景观构造

本书将聚落及其周围的建筑物、道路、土地等村民活动的场所和设施，以及聚落所在地域的地形、河流等自然要素定义为"景观构成要素"。景观构成要素具备一定的形态与功能，相互联系、相互作用，并反映了一定的村民关系及村民活动状况。本书将景观构成要素的位置、排列方式、景观功能等的相互关系定义为"景观构造"。

本书中的景观构成要素包含生活空间构成要素、生产空间构成要素、信仰空间构成要素、防卫空间构成要素及自然空间构成要素五个方面（图1-7）。具体来讲，生活空间构成要素是指日常生活的场所及设施等要素，本书选取房屋、道路、水井等作为调研对象。生产空间构成要素是村民从事生

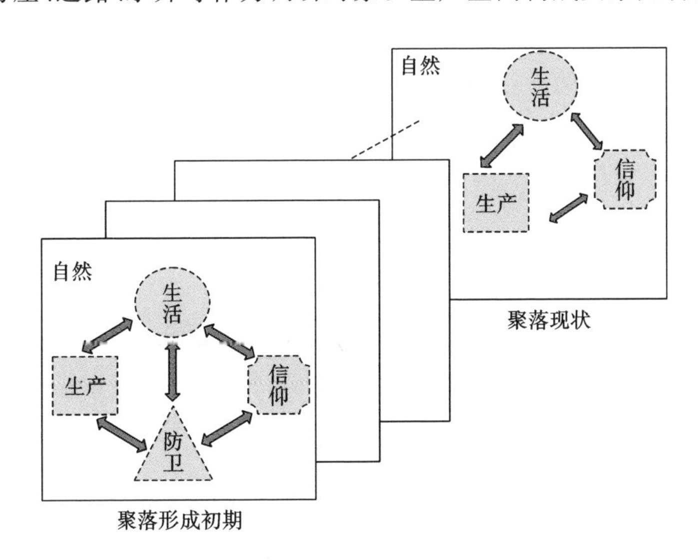

图1-7 景观构成要素关系（景观构造）模式图

产作业的空间，包括农田、菜地、打麦场、沙滩等要素。信仰空间构成要素是村民怀念先人或进行信仰活动的祭祀空间，本书选取了家庙、墓地、龙王庙、寺院或道观等进行分析。防卫空间构成要素是用来抵御外敌入侵的设施，包含古城墙、烽火台等。而自然空间构成要素方面，本书选取了山、海、河川等要素作为调研对象。五个方面景观构成要素相互联系、相互影响，从而形成了一定的景观构造(表 1-1)。

表 1-1 各空间的景观构成要素

空间类型	景观构成要素
生活空间	房屋、道路、水井等
生产空间	农田、菜地、打麦场、沙滩等
信仰空间	家庙、墓地、龙王庙、寺院或道观等
防卫空间	古城墙、烽火台等
自然空间	山、海、河川等

1.4 文献梳理及研究定位

1.4.1 我国传统民居及聚落相关研究

从研究对象上看，无论是我国北方地区还是南方地区，都有不少关于本土传统聚落的研究。在针对我国南方地区的传统聚落研究中，关于少数民族住宅及聚落的研究居多，对福建客家住宅和文化的研究也不在少数。同时，也有不少关于浙江山村和渔村、安徽徽州等传统聚落的研究。而在针对我国北方地区的传统聚落研究中，对洛阳历史聚落、甘肃的藏族聚落，以及山西的特色住宅等也有不少相关研究，而北京的四合院作为华北地区的代表性住宅更是被大量学者所关注(图 1-8)。

与此同时，在聚落历史变迁方面也有不少学者进行了研究。比如，郑微微在《地貌与聚落扩展：1753—1982 年河北南部聚落研究》中，探讨了

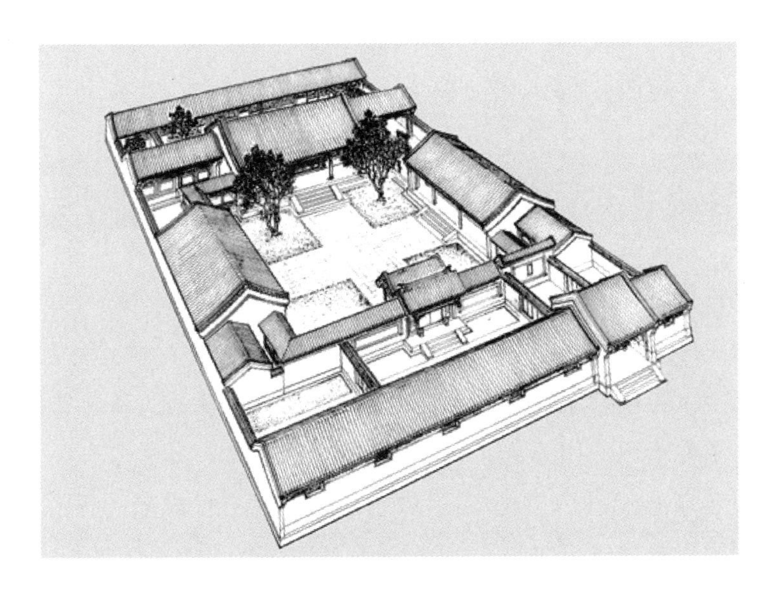

图 1-8　北京四合院住宅

1753—1982 年河北南部聚落与地形的变迁状况，阐述了聚落分布与地形的关系。吴文恒等以楼村为例，探讨了黄淮海平原中部聚落的变迁状况。

除此之外，有些研究对影响传统民居的因素也进行了探究。比如，沙润以全国的传统民居为例，探查了气候、地貌、水系、地质和植物等自然地理因素对我国民居的构造、形状等的影响。在此基础上，他还对我国民居的自然景观进行了分析阐述。

另外，也有学者对我国各地域的传统聚落进行了综合阐述。彭一刚先生分析了自然因素（地理与气候、地形与地势、地质与地域资源）、社会因素（法律与思想道德、血缘关系、宗教信仰、风水思想、人文风俗）等对我国传统聚落形态的影响，分类阐述了我国传统聚落的基本形态（平地聚落、水边聚落、山地聚落、山水型聚落、山田型聚落、散状聚落、渔村聚落等）。与此同时，彭一刚先生也对聚落的主要景观要素进行了分析。

综上所述，既往研究以研究聚落的建筑形式以及成因为主，也存在着对我国典型传统聚落形态的研究和探讨，但对聚落中景观构成要素之间关系的研究很少。本书着眼于聚落景观构成要素的关系，即景观构造，对其进行研究阐述。

1.4.2 海草房聚落相关研究

20世纪以来,对传统民居的保全引起了人们的关注,但对海草房的研究仍然很少。例如,1995年,周洪才介绍了海草房形成的历史条件、建筑特色和文化价值,倡导保全海草房。张润武、薛立描述了海草房的历史文化及平面结构。我国画家吴冠中于荣成绘制了一幅海草房绘画作品后,阐述了海草房之美。进入21世纪,海草房陆续引起人们的关注。各个领域的学者相继撰写了海草房的相关论文。与此同时,不少关于海草房的摄影和绘画作品也相继展出。例如,于德华在《胶东半岛海草房村落家具概述》一文中,运用田野调查和文献研究的方法,基于海草房聚落的地理环境、经济状况和生活方式,对海草房的室内环境和家具特点进行了描述。

在众多研究成果当中,李文夫提出的"海草房生态博物馆"构想及刘志刚的《探访中国稀世民居——海草房》影响最大。

李文夫通过大量的田野调查与资料研究,著成《威海民居海草房历史文化研究》,并针对海草房的保全提出了"海草房生态博物馆"的构想。该构想以海草房聚落为对象,提出在对聚落的自然环境、海草建筑、文化风俗等进行保全的同时,充分利用地域资源,发展观光产业,从而对传统建筑进行保全及利用。

作为中国摄影家协会会员,刘志刚最初是从美学视角对海草房进行拍摄,并关注海草房的形成历史、建筑风格以及当地村民的文化习俗等方面。刘志刚先生通过长达六年的持续采风和研究,就海草房的保全提出了相关意见。

以论文为首,关于海草房的系统性研究梳理如下。

2008年,吴晓林从海草房的外观、颜色、线条等方面描述了海草房建筑的整体形式美,以及聚落位置、公共设施布置、道路布局所表达的形式美;通过对海草房聚落形式美的分析,探讨了形式美背后的思想(道家的无为和天人合一思想、儒家的中庸思想)。除此之外,该研究还阐述了海草房的建造技术和海草房建筑的气候适应性。

2008 年，吴天裔在《威海海草房民居研究》中，对海草房从五个方面进行了归纳阐述，即传统地域与历史变迁、建筑（聚落选址与建筑布局、建筑构造与建材）与工艺、海草房聚落的形成历史、保存状况、保全与利用。其中，对建筑与工艺、保全和利用等方面进行了详细阐述。

2011 年，王梅在《胶东民居——海草房景观形态调查报告》中，从建筑文化、居住环境、生活景观三个角度对海草房景观进行了概述。在建筑文化方面，其对建筑的特征、形成历史、建造工艺以及分布地域等分别做了阐述。在居住环境方面，其介绍了自然环境（选址、种植、水系、气候）、聚落环境（街道类型、园林结构）和室内环境。此外，该论文在生活景观方面介绍了村民的户外活动形式和户外活动场所，并讨论了海草房保全存在的问题和解决方案（异地修复、就地保护、旅游利用、历史文化名村建设、生态博物馆建设等）。

2013 年，李旸在《山东半岛沿海村落景观调查与保护研究——以山东荣成烟墩角村为例》中，简要介绍了荣成市烟墩角村的整体道路、十字路口和边界等，并就聚落的建筑结构和庭院空间进行了详细阐述。文章最后也探讨了聚落景观变化的原因及保全原则。

2014 年，黄永健在《东楮岛村海草房营造工艺研究》一文中，以荣成市宁津地区东楮岛村为研究对象，就该村的行政改革、建筑样式、营造工艺、日常生活、风俗文化、室内设计、家具等进行了考察与研究。该论文以营造工艺为核心，从建筑的空间形态、石墙的制造、木作技术、房顶营造工艺四个方面对该村的海草房建筑进行了研究。

2015 年，郗鑫鑫在《山东威海烟墩角渔村空间变迁调查研究》中介绍了烟墩角渔村内部空间（私人空间与公共空间）三个历史阶段的空间特征的变迁及影响因素。在该文章的最后，其将烟墩角渔村与邻近聚落的空间变迁状况进行了比较，探讨了二者之间的差异。

综上所述，既往研究主要从建筑单体、风俗文化、建筑内部空间等方面，对海草房建筑提出了保全策略，但大多并未从聚落空间构造及周边土地利用状况等方面去研究地域尺度的聚落群形式、选址及相邻聚落间的空间及文化关系。本书则重点考察了海草房聚落的地域尺度、村域尺度和聚落尺度三个尺度的景观空间及结构。

1.4.3 我国聚落保全的相关研究

1. 保全理念

我国关于建筑、城市及聚落保全的理论主要有生态博物馆理论、有机更新理论、活化理论及可持续发展理论等。

(1) 生态博物馆理论。

“生态博物馆”作为聚落保全的重要理论,其形成脉络一直存在争议。20 世纪 70—80 年代产生于法国的生态博物馆,被很多人认为是世界上第一家生态博物馆。与传统博物馆相比,生态博物馆更注重与当地住民的交流与合作。社区住民的配合是生态博物馆得以顺利延续的重要因素。

我国的生态博物馆主要建在西南部少数民族居住区,不少学者也在进行相关研究。黄萍等在保全生态博物馆核心价值的基础上,提出了必须重视地区经济发展问题,更要妥善处理经济发展与景观保全之间的矛盾。郑威则以广西客家文化生态博物馆为例,提出了在关注保全的基础上,还应提取少数民族的自然生态与人文生态要素,适度进行旅游开发,增加当地住民收入,要有效平衡地域保全与经济发展的关系。文海雷等通过对贵州和广西生态博物馆的运营模式进行对比研究,提出生态博物馆的建设与发展必须基于地域现状进行。

(2) 有机更新理论。

在台湾地区,城市更新往往分为三种类型。第一种是重建,即拆除原建筑后重建;第二种是改造,即对地域内的建筑进行部分改造更新;第三种是保全,即保留地域内原有建筑,维护其良好状态。早在 20 世纪 80 年代,我国建筑学家、城市规划学家吴良镛基于中国历史城市的长期研究,结合北京历史街区的现状提出了“有机更新理论”。有机更新是指采用适度的规模、尺度，以城市规划内容及条件为依据，妥善处理城市当下现状与城市未来发展的关系，在保持历史街区完整性的同时对城市进行改造与更新。清华大学王路是最早将有机更新理论应用于农村聚落的学者。

(3) 活化理论。

早在1976年和1981年，美国就颁布了鼓励历史遗产再利用的税法，而这一时期世界学者都在关注建筑遗产的再利用。中国东南大学喻学才教授提出了遗产分层的思想，指出遗产的活化与遗产的保全继承、旅游产业的开拓创新有关，并提议在不影响遗产保全继承的前提下，将历史遗产转化为旅游观光资源。2013年，河南省文化厅杨丽萍就曾提出应将活化理论运用于传统聚落的保全上。

(4) 可持续发展理论。

1992年我国在《中国21世纪人口、环境与发展白皮书》中首次将可持续发展理论应用于经济和社会发展方面。其中提出，在传统聚落保全方面，尽可能使用可再生资源，提高自然资源利用效率，以保证传统聚落发展的可持续性。

2. 开发利用、规划与评价

观光旅游被认为是传统聚落开发利用的主要方向，我国学者针对传统聚落的观光旅游开发进行了大量研究，其中包括旅游观光的开发模式、旅游观光的影响、生态旅游、旅游产品的开发等方面。

王微、李婷婷、郑力鹏、高云飞、汪小文、张弨、祁双、李新海、钱益旺、张泉等学者还制定了聚落和聚落群保全与发展规划，并对规划的应用理论和技术手段进行了研究。刘培珍介绍了传统村落保护标准体系的生成过程和评价因素。

3. 利益主体及住民认知

在聚落保全研究的最初阶段，学者们对聚落建筑关注度较高，而近年的研究则更聚焦于与当地住民的交互上。例如，一些学者对住民的聚落保全意识和合作性进行了研究。李沛帆从住区空间结构、历史建筑、基本设施和公共设施等方面调查了住区住民的满意度及认知度。此外，随着传统聚落保全受到越来越多的关注，一些新的利益主体也逐渐加入聚落保全中来。也有学者对政府、社会资本、住民、游客和其他利益主体之间的关系进行了研究。

1.5 研究整体框架

本书的研究整体框架如图 1-9 所示。

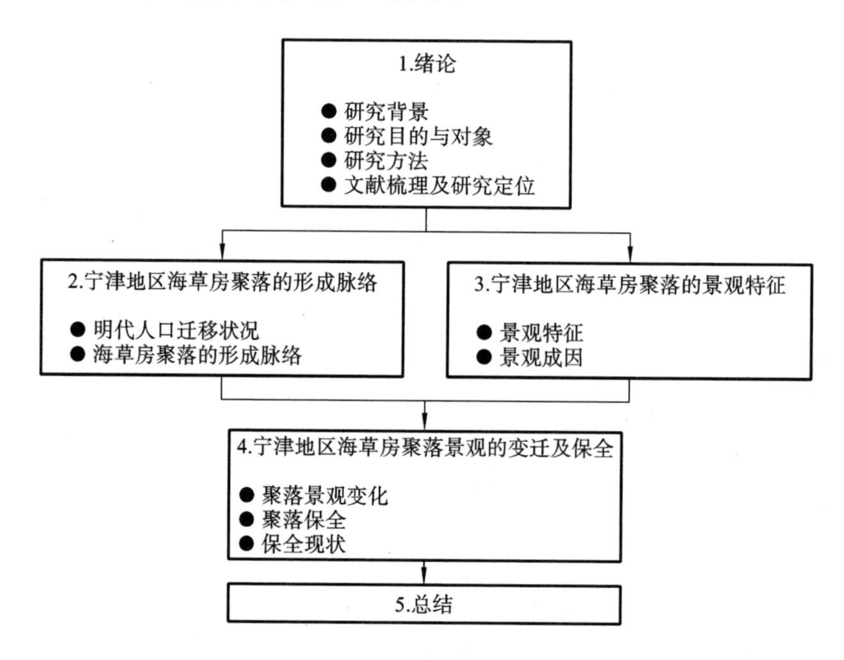

图 1-9 研究整体框架

第一部分为绪论，叙述了本书的研究背景、目的、对象、方法，文献梳理与研究定位，以及研究整体框架。

第二部分梳理宁津地区海草房聚落的形成脉络，通过对海草房的建筑材料和工艺、建筑形式、历史与文化背景、分布和保全状况等方面的介绍，结合我国明代人口流动的时代背景及相关县志对宁津地区海草房聚落的形成年代和住民来源地进行文献调查，探讨了宁津地区海草房聚落形成的各个阶段及其相应的时代特征，从而对该地区海草房聚落的形成脉络进行梳理。

第三部分阐述宁津地区海草房聚落的景观特征，分别从地域、村域、聚落三个空间尺度来把握对象地区海草房聚落在选址、形态及空间上的景观特征，探讨形成此景观特征的主要因素。

第四部分解析宁津地区海草房聚落景观的变迁状况，对海草房的保全制度进行梳理，调查了宁津地区海草房聚落景观变化、海草房聚落保全的措施和事例，探讨了保全的现状。

第五部分阐述了本书的研究目的和结果，探讨研究的不足之处及尚未解决的问题。

本章参考文献

[1] 吴天裔. 威海海草房民居研究[D]. 济南：山东大学，2008.

[2] 王梅. 胶东民居——海草房景观形态调查报告[D]. 武汉：湖北工业大学，2011.

[3] 钱玉莲，下村彰男，小野良平. 中国山东省荣成市宁津地区における海草房聚落の景观的特徴[J]. ランドスケープ研究，2014，77(5)：473-476.

[4] 柳原亜紀ら. 道孚チベット族の住居平面構成：中国少数民族の住居と聚落に関する研究 その6[C]//日本建築学会近畿支部研究報告集. 2001：9-12.

[5] 稲次敏郎ら. 中国・客家(ハッカ)民居調査報告[J]. デザイン学研究，1987(58)：53-60.

[6] 斉藤達也ら. 家族間の集住形態について：中国浙江省の山村聚落と住宅群に関する史的研究[C]//学術講演梗概集. 2003：487-488.

[7] 津田良樹.中国江南沿海聚落の民家について:浙江省寧波市象山县東門島の民家を中心に[C]//日本建築学会计划系論文集.2008,73(625):683-688.

[8] 倪ニら.中国徽州地方の传统的住居の空間構成とその形態的特徵:安徽省黄山市徽州区《呈坎村》の調査研究 その1[C]//日本建築学会计划系論文集.2004(575):7-12.

[9] 福川裕一.中国洛陽市周边の历史的聚落の保存に関する研究:その2 衞坂村の传统住宅の空間構成[C]//学術講演梗概集.2010:727-728.

[10] 史利莎,严力蛟,黄璐,等.基于景观格局理论和理想风水模式的藏族乡土聚落景观空间解析——以甘肃省迭部县扎尕那村落为例[J].生态学报,2011,31(21): 6305-6316.

[11] 杨曦悦.山西民居建筑风格[J].中国城市经济,2011(2):230-231.

[12] 郑微微.地貌与聚落扩展:1753—1982 年河北南部聚落研究[J].中国历史地理论丛,2010(3):138-147.

[13] 吴文恒,牛叔文,郭晓东,等.黄淮海平原中部地区村庄格局演变实证分析[J].地理研究,2008(5):1017-1026.

[14] 沙润.中国传统民居建筑文化的自然地理背景[J].地理科学,1998,18(1):58-64.

[15] 彭一刚.传统村镇聚落景观分析[M].北京:中国建筑工业出版社,1992.

[16] 周洪才.石岛湾畔海草房[J].山东建筑工程学院学报,1995,10(3):67-68.

[17] 张润武,薛立.胶东渔民民居 [C]//中国建筑学会建筑史学分会民居专业学术委员会,中国文物学会传统建筑园林委员会传统民居学术委员会.中国传统民居与文化.山西:山西科学技术出版社,1996:184-188.

[18] 于德华.胶东半岛海草房村落家具概述[J].家具与室内装饰,2008(1):14-16.

[19] 李文夫.威海民居海草房历史文化研究[M].威海:威海市大众报业印刷有限公司,2004.

[20] 刘志刚.探访中国稀世民居——海草房[M].北京:海洋出版社,2008.

[21] 吴晓林.荣成海草房实地调查及其形式美研究[D].济南:山东大学,2008.

[22] 李旸.山东半岛沿海村落景观调查与保护研究——以山东荣成烟墩角村为例[D].北京:北京林业大学,2013.

[23] 黄永健.东楮岛村海草房营造工艺研究[D].济南:山东大学,2014.

[24] 郗鑫鑫.山东威海烟墩角渔村空间变迁调查研究[D].北京:北京建筑大学,2015.

[25] 黄萍,游建西.求变与保护:中国首座民族生态博物馆的处境与对策[J].西南民族大学学报(人文社科版),2004(25):23-26.

[26] 郑威.生态博物馆:文化遗产保护与发展之桥——兼评广西贺州客家文化生态博物馆项目建设[J].社会科学家,2006(7):132-135.

[27] 文海雷,曹伟.生态博物馆与民族文化的保护与传承——以贵州与广西生态博物馆群为例[J].民族论坛,2013(3):47-50.

[28] 吴良镛.北京旧城与菊儿胡同[M].北京:中国建筑工业出版社,1994.

[29] 王路.农村建筑传统村落的保护与更新——德国村落更新规划的启示[J].建筑学报,1996(11):16-21.

[30] 喻学才.遗产活化论[J].旅游学刊,2010(4):6.

[31] 余向洋.中国社区旅游模式探讨——以徽州古村落社区旅游为例[J].人文地理,2006,21(5):41-45.

[32] 李欣华,杨兆萍,刘旭玲.历史文化名村的旅游保护与开发模式研究——以吐鲁番吐峪沟麻扎村为例[J].干旱区地理,2006,29(2):301-306.

[33] 陈腊桥,冯利华,沈红,等.古村落旅游开发模式的比较——金华市诸

葛八卦村和郭洞村实证研究[J].国土与自然资源研究,2005(4):58-59.

[34] 李连璞.基于多维属性整合的古村落旅游发展模式研究——以历史文化名村为例[J].人文地理,2013,28(4):155-160.

[35] 汪梅,段然.景宁畲族传统村落旅游资源开发的研究[J].浙江理工大学学报,2009,26(5):827-830.

[36] 王云才,杨丽.北京西部山区传统村落的保护与利用——以京西门头沟为例[J].休闲农业与乡村旅游发展,2004:176-183.

[37] 冯淑华.古村旅游模式初探[J].北京第二外国语学院学报,2002(4):32-34.

[38] 李凡,金忠民.旅游对皖南古村落影响的比较研究——以西递、宏村和南屏为例[J].人文地理,2002,17(5):17-20.

[39] 孙静,苏勤.古村落旅游开发的视角影响与管理——以西递、宏村为例[J].人文地理,2004,19(4):37-40.

[40] 肖光明,郭盛晖,汤晓敏.古村落旅游开发的社会文化影响研究——以德庆县金林水乡为例[J].热带地理,2007,27(1):71-75.

[41] 车震宇.传统村落:旅游开发与形态变化[M].北京:科学出版社,2008.

[42] 施琦.试论古村落旅游可持续发展的对策[J].农业考古,2008(3):155-157.

[43] 卢松,陈思屹,潘蕙.古村落旅游可持续性评估的初步研究——以世界文化遗产地宏村为例[J].旅游学刊,2010,25(1):17-25.

[44] 胡田翠,鲁峰.古村落旅游可持续发展评价指标体系构建研究[J].现代经济,2007,6(10):36-38.

[45] 刘昌雪,汪德根.皖南古村落可持续旅游发展限制性因素探析[J].旅游学刊,2003,18(6):100-105.

[46] 朱生东,张亲青.徽州古村落生态旅游资源内涵解析[J].中外建筑,2005(3):74-76.

[47] 吴文智,庄志民.体验经济时代下旅游产品的设计与创新——以古村落旅游产品体验化开发为例[J].旅游学刊,2003,18(6):66-70.
[48] 孟明浩,俞益武,张建国.古村落旅游产品体验化设计研究——以浙江兰溪市诸葛村为例[J].商业研究,2008(1):195-198.
[49] 谭春霞,顾敏艳.体验经济时代下诸葛八卦村古村落旅游产品的创新设计[J].资源开发与市场,2009,25(8):767-768.
[50] 陈守晓,李瑛.基于6E体验模式的古村落旅游产品开发研究——以韩城党家村为例[J].城市旅游规划,2014(3):226-228.
[51] 李艳.发掘优势文化资源,激发游客体验兴趣——北京西部古村落旅游文化产品开发研究[J].中国文化产业评论,2011(2):395-403.
[52] 赵一人,张祖群.古村落旅游文化价值解说指导下的产品设计——以中国历史文化名村爨底下村为例[J].旅游学研究,2006(9):279-285.
[53] 王微.河北古聚落保全与利用评析[N].中国文物报,2013-6-4(18).
[54] 李婷婷,郑力鹏,高云飞.古村落的保护发展与规划设计——以广东省梅县茶山村为例[J].建筑学报,2012(9):104-106.
[55] 汪小文,张弨.关隘型土家传统村寨规划策略研究——以利川市谋道镇鱼木村传统村落保护发展规划为例[C]//城乡治理与规划改革——2014中国城市规划年会论文集,2014.
[56] 祁双,李新海.地方传统古村落保护规划探析——以祁阳县龙溪古村为例[J].中外建筑,2012(1):63-65.
[57] 钱益旺.皖南南屏古村落保护与发展规划[C]//首届中国民族聚居区建筑文化遗产国际研讨会论文集,2010.
[58] 张泉.GIS技术在徽州古村落保护规划中的应用研究——以安徽省祁门县桃源历史文化名村保护规划为例[C]//2014(第九届)城市发展与规划大会论文集,2014
[59] 刘培珍.传统村落保护专项标准体系构建研究[D].哈尔滨:东北林业大学,2015.

[60] 李沛帆.基于居民满意度的传统村落保护研究[D].石家庄:河北师范大学,2015.
[61] 张剑文.传统村落保护与旅游开发的PPP模式研究[J].小城镇建设,2016(7):48-53.

2 宁津地区海草房聚落的形成脉络

2.1 海草房概述

2.1.1 荣成市宁津地区

山东省荣成市位于胶东半岛最东端沿海地区，陆地面积 1526 平方公里，常住人口 71.02 万人。荣成市属温带季风气候，年平均气温约 12 ℃，年平均日照时间约 2600 小时，年平均降水量约 800 毫米。春季降雨量少，气候干旱，多是大风天气，附近海域的海草往往会随风浪漂到海滩上。而夏季雨水则量多且急，易发生洪涝灾害。此外，冬季漫长，多大雪大风天气。在这种气候条件下，为了减弱夏冬温差及雨雪天气给居住生活带来的不利影响，当地住民建造出了带有海草屋顶的海草房。

历史上，荣成市属偏远苦寒之地，住民多因躲避战乱或在军事、农业政策的背景下迁移而来，经过世代的繁衍生息，逐渐形成了以若干姓氏为基础的同姓家族聚落。在恶劣的生存条件影响下，世世代代定居在此的村民为祈求庇护，形成了对神佛及先祖的强烈宗教信仰。其中，位于荣成市东南部的宁津地区，同姓族群大多集中生活在同一聚落，既受传统的文化礼仪和宗教体系影响，又因特殊的自然地理环境，形成独具特色的文化信仰。

基于以上背景，本书选取山东省荣成市宁津地区为研究范围，参考相关资料，对宁津地区的 52 处海草房自然聚落进行了调查和分析。

宁津地区面积 6800 公顷，海岸线长 55 千米。北、东、南三面环海，是重要的渔业产区。西邻甲子山，地处坡道较多的丘陵地区。宁津地区内若干条细长的河流从山间汇合流入东部海域。渔业和水产养殖业发达，住民平均收入及生活水平相对高于内陆地区。根据 2006 年 12 月的调查结果，宁津地区共留存有 11601 间海草房，每处聚落都在一定程度上保存了海草房。目前，宁津地区呈现出海草顶建筑和瓦顶建筑混合布局的景观特色。

2.1.2 海草房的建筑材料及工艺

当地住民将附近海域产出的海草铺在屋顶，并用当地石材筑墙，这样的特色民居建筑被当地人称为海草房(图 2-1)。海草房的建筑材料见表 2-1。

图 2-1 海草房

表 2-1 海草房的建筑材料

建造部位	材料	取材地
屋顶	海草	海边
	麦秸	农田
	黄泥(黏土)	附近山坳等
骨架支撑	树木(松、榆等)	村内及海边防护林
墙体	石材(花岗岩、青岩)	附近山体、海洋、农田

为了防止屋顶漏雨，整个屋顶的海草和麦秸都需铺上一层层严实的黏土(黄泥)，一间房的屋顶，在三四个工匠的配合下，往往需要四五天才能完成。而这种粘贴海草屋顶的"苫房工艺"也被专业工匠继承并延续下来(图2-2)。海草房的屋顶倾斜角度约为50°，屋顶高度约占房屋总高度的一半。这种陡峭的屋顶坡度结构能让雨雪顺着坡面快速排落的同时，房屋上方隔离出来的独立三棱柱空间也能起到隔离保温效果。屋顶顶部的海草最厚，通常厚70～80 cm，但其在荣成市几乎是1 m甚至更多。海草房的骨架以附近的树木为材料制成，墙体由从海洋、山体和农田中获得的石头制作而成。

图2-2 海草屋顶的"苫房工艺"

(图片来源：著者摄)

海草的含盐量比普通杂草要高，因此不易燃烧和腐烂，可保存60年之久。此外，相比瓦房，海草房具有冬暖夏凉的特点，自20世纪70年代之后被当地村民广泛采用，成为当地最受欢迎的一种民居建筑形式。

2.1.3 海草房建筑形式

传统海草房通常采用复式建筑结构形式(图2-3、图2-4)，但自20世纪

60年代以来，世代同堂的多代人家族集体居住的方式随着“分家”的流行逐渐向单代人独立居住的方式转变。现代以来，多代人共同居住的复式建筑结构逐渐转变为单代人独立居住的海草房单式建筑结构(图2-5、图2-6)。

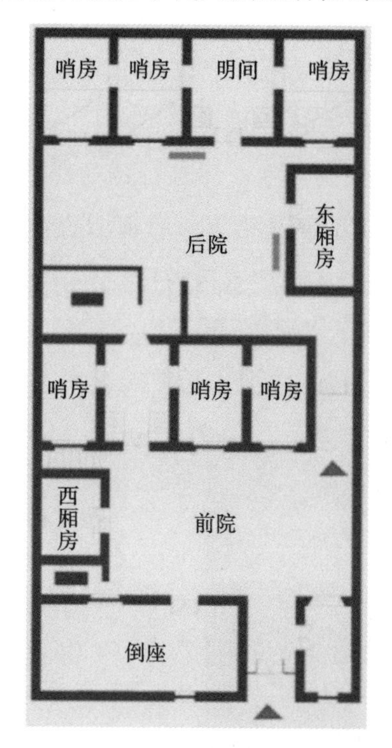

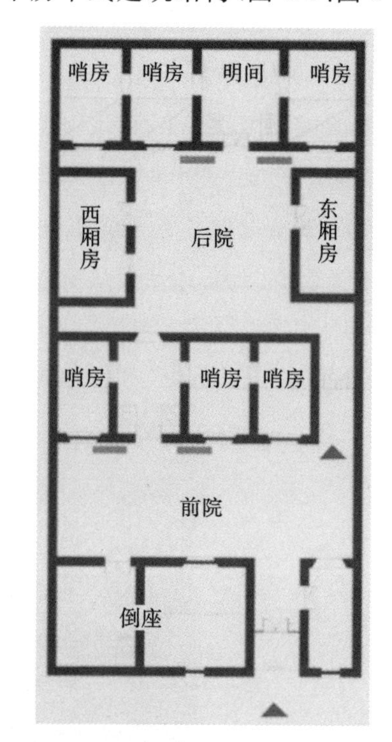

图2-3　海草房复式建筑结构示意

(图片来源:《东楮岛历史文化名村保全规划》)

图2-4　海草房复式建筑结构(四合院或三合院)

(图片来源:北京建筑大学资源库)

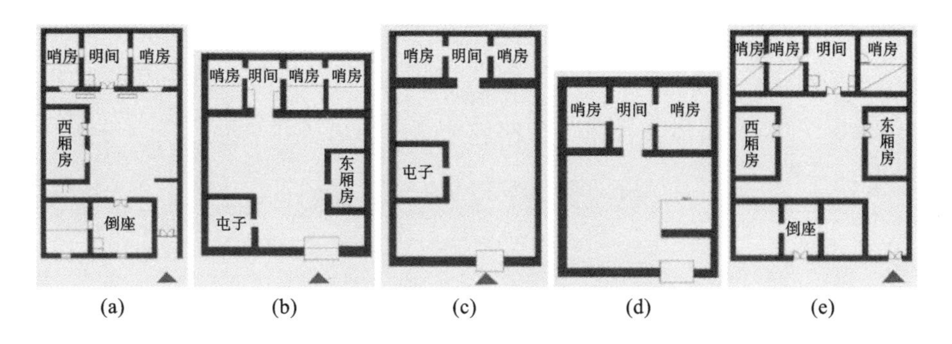

图 2-5 海草房单式建筑结构类型

（图片来源：《东楮岛历史文化名村保全规划》）

图 2-6 海草房独栋住宅类型（图 2-5 形式(b)）

（图片来源：著者摄）

2.1.4 海草房形成历史与文化

1. 海草房的形成与发展

据考古学记载，自新石器时代以来，胶东半岛的原住民就开始用海草建造简单的构筑物，这种构筑物与民居差异较大，考古学家称其为“窝棚”(图2-7)。秦汉至宋晋年间，海草建筑逐渐演化为民居形式，随后被广泛采用。元、明、清三代，海草房逐渐成为当地最受欢迎的民居建筑形式。

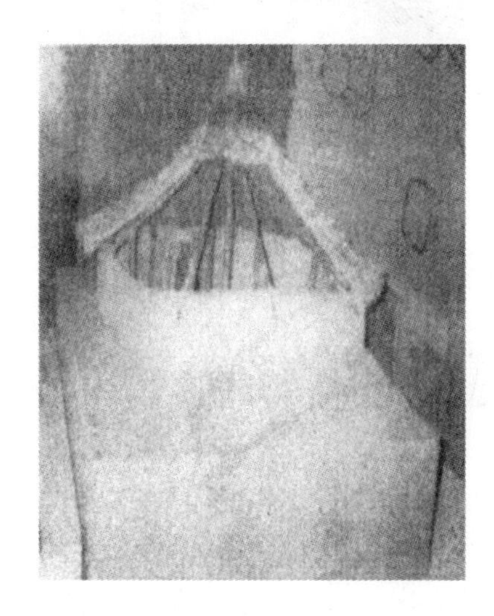

图 2-7　新石器时代的海草建筑复原图

(图片来源：吴天裔《威海海草房民居研究》)

著者据史料对荣成市各乡镇现存 991 处聚落的形成年代进行了考察。结果表明，明代形成的海草房聚落数量约占聚落总数的 60%(593 处聚落)，清代形成的聚落数量则占聚落总数的 30%以上。荣成市各朝代形成的海草房聚落数量见表 2-2。

表 2-2　荣成市各朝代形成的海草房聚落数量

(表格来源：《荣成县志》)

镇名	朝代			
	元	明	清	其他*
崖头镇	6	41	11	1
俚岛镇	4	37	20	0
成山镇	2	38	33	2
埠柳镇	5	22	4	7
滕家镇	1	31	18	2

（续表）

镇名	朝代			
	元	明	清	其他*
上庄镇	0	32	13	0
靖海镇	1	29	13	1
斥山镇	0	24	8	3
石岛镇	0	5	13	0
人和镇	1	30	14	1
寻山镇	0	28	14	1
马道镇	5	14	11	0
港西镇	3	9	9	0
夏庄镇	5	21	9	0
崖西镇	0	34	16	1
大疃镇	0	30	21	2
崂山镇	0	12	12	0
王连镇	3	19	15	2
邱家镇	1	22	3	2
黄山镇	1	18	7	5
东山镇	0	23	16	0
宁津镇	4	31	16	0
荫子镇	7	28	7	0
城西镇	1	15	1	5
镆铘岛镇	0	0	8	1
合计	50	593	312	36

注：* 表示各镇非元、明、清时期形成的聚落或形成年代不明的聚落。

荣成市宁津地区涝滩子村现存有元代至正二年（公元 1342 年）的海草房所用木料，表明该地区的海草房已有 600 多年的历史，这被公认为宁津地区最古老的海草房。

2. 胶东地区文化起源与原始产业

胶东半岛的原住民在商代晚期建立了莱国。随着原始社会的解体，胶东半岛逐渐形成其地域特色文化——“莱文化”。胶东半岛被莱河阻隔，交通不便，与山东中西部内陆地区文化交流不多，因而形成了自己独有的文化特色。公元前567年，莱国被齐国所灭，“齐文化”时期开始。“齐文化”继承了“莱文化”，在当地实行“因其俗，简其礼”的政策，“重实务而轻形式”。因受到地理位置和恶劣气候条件的影响，胶东半岛的宗法和宗教意识较弱，比起宗祠，当地住民更信仰龙王、妈祖等“水文化”，这一点从胶东半岛淳朴豪放的民风当中也能体现出来。

莱河流域常被洪水淹没，地势低平且多丘陵地区，导致莱国的农业生产水平低下。另外，莱国三面环海，矿产资源丰富，冶金工业、养蚕业、纺织业、盐业、造船业等十分发达。齐国统治者在继承“莱文化”的同时，还实施了“通工商之业，便鱼盐之利”“劝女工，极技巧”“因其俗，简其礼”等政策。因此，胶东半岛的传统产业（铜铁冶金、盐业、养蚕业、纺织业、造船业、航运业、渔业）得到了发展。

古代海上丝绸之路始于齐国，自秦汉时期发展起来，于明清时期达到鼎盛状态。而闻名于世的海上丝绸之路的起点即是胶东半岛的各港口。其中，芝罘港（烟台）、斥山港（荣成市石岛）、琅琊港（青岛胶南）成为海上丝绸之路的著名港口。

2.1.5 海草房分布及保全现状

海草房分布于胶东半岛的青岛、烟台、威海等沿海地区，其中威海荣成市海草房历史悠久，分布最为集中，成为海草房研究的典型地区。

直到1949年，胶东半岛沿海聚落的房屋大多还是海草屋顶。然而自20世纪70年代以来，随着红瓦屋顶风格的流行以及海草资源的短缺，新建海草房的数量急剧下降，自1994年之后当地住民基本不再建造新的海草房。而保留下来的海草房也大多因长年失修而遭到破坏或废弃。因此，如何保全海草房聚落及其景观成为一项颇具挑战的课题。

2.2 研究目的及方法

2.2.1 研究目的

本章通过梳理海草房的建筑材料和工艺、建筑形式、海草房聚落的形成历史、胶东地区文化起源、海草房的分布和保全状况等方面的内容，追溯研究范围内聚落形成期的历史背景（人口迁移状况），从聚落选址和聚落的历史功能等方面把握该地区海草房聚落的形成脉络。

2.2.2 研究方法

将研究区域传统海草房聚落形成时期（即明清时期）的人口迁移状况、聚落选址特点、聚落的历史功能等信息进行收集并讨论，尝试把握研究区域海草房聚落的形成脉络。

具体来说，首先对明代大移民和军事制度相关历史背景进行调查。其次，对 52 个对象聚落的形成年代、形成脉络、选址特征和聚落历史功能进行实地调研、资料调研和对象访谈。最后，通过梳理研究范围内聚落形成的年代和历史背景，将研究范围内聚落划分为不同历史形成阶段，把握各阶段形成聚落的原住民来源、选址特征、历史功能等特征。

2.3 明代人口迁移状况

2.3.1 明代大移民

元末明初，受战乱和自然灾害的影响，中原地区（本书中指今山东、河北、河南三省）人口大幅减少，大片耕地被荒废。为了发展全国各地区经济，朝廷采取了由人口稠密地区向人口稀少地区移民的政策。据《明史·食货志》《明太祖实录》《续文献通考》等史料记载，从洪武六年到永乐十五年，出现了18次大规模移民事件，即明代大移民事件(表2-3)。大移民集中发生在中原、华东地区，范围几乎涉及全国大部分地区。

通过梳理18次大移民事件，可看出以下2点。

(1) 洪武中期，移民方向主要是从山西迁徙到中原地区。而在洪武末年和永乐年间，移民方向则主要从山西、山东、湖广等地迁往塞北、北平(今北京)等北方地区。

(2) 大移民的方式有遣返、军屯、商屯、民屯等，部分是通过鼓励自愿的方式，但大多数是强制性的。

表2-3　明代大移民统计表

移民次序	时期	迁出地	迁入地	移民对象	移民数	文献
1	洪武六年(1373年9月)	山西北部	安徽中立府	住民	8238户39349人	《明史》
2	洪武九年(1376年11月)	山西真定	凤阳	无田产者	—	《明史》
3	洪武十三年(1380年5月)	山西	山西	—	约24000户	《明太祖实录》
4	洪武二十一年(1388年8月)	山西泽、潞二州	彰德、真定、临清、归德、太康	无田产者	—	《明太祖实录》
5	洪武二十二年(1389年9月)	山西	大名、东昌、广平	贫民	—	《明太祖实录》
6	洪武二十二年(1389年9月)	山西沁州	—	—	116户	《明太祖实录》
7	洪武二十五年(1392年8月)	—	—	—	—	《明太祖实录》

（续表）

移民次序	时期	迁出地	迁入地	移民对象	移民数	文献
8	洪武二十五年（1392年12月）	山西	彰德、卫辉、广平、大名、东昌、开封、怀庆	—	598户	《明太祖实录》
9	洪武二十八年（1395年1月）	山西	塞北	—	26600人	《明史》
10	洪武三十五年（1402年9月）	山西	北平	无田产者	—	《明史》
11	永乐元年（1403年8月）	—	北京	罪犯	—	—
12	永乐二年（1404年9月）	山西	北京	—	10000户	《明史·成祖本记》
13	永乐三年（1405年）	山西	北京	—	10000户	《明史·成祖本记》
14	永乐四年（1406年1月）	湖广、山西、山东	北京	—	214人	《明太祖实录》
15	永乐五年（1407年5月）	山西平阳、泽潞，山东登、莱等府州	北京	—	5000户	《明太祖实录》
16	永乐十二年（1414年3月）	—	隆庆	罪犯	—	《明太祖实录》
17	永乐十四年（1416年11月）	山东、山西、湖广	保安州	流浪者	2300户	—
18	永乐十五年（1417年5月）	山西平阳、大同、蔚州、广灵等府州	北京、广平、清河	—	—	《明太祖实录》

2.3.2 胶东半岛的人口迁移

1. 胶东半岛军事人口的迁移

明代胶东半岛军事人口的迁移见图 2-8。

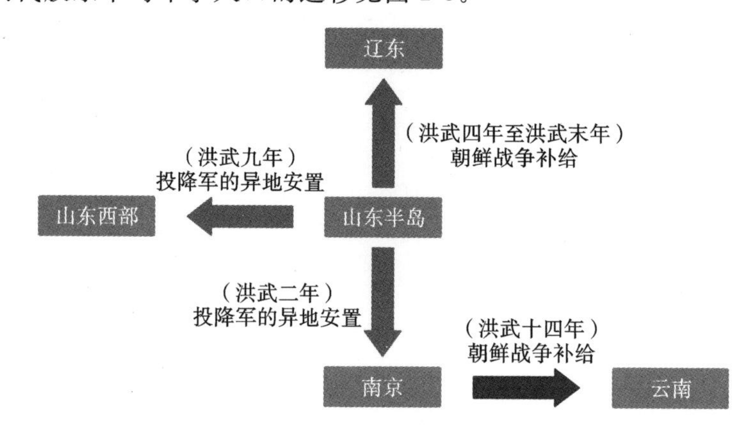

图 2-8 明代胶东半岛军事人口的迁移

(1) 军事人口的迁出。

元代末年，山东作为重要的军事据点战争频发。从 1367 年开始，明军在北方发动战争，山东省内许多元军投降。为了地区稳定，明军采用了"异地安置"政策，即将投降兵员从投降军的集中区迁移到其他地区，并从山东省外调来大量兵员。资料显示，明代洪武九年，胶东半岛的兵员被迁移到山东西部和京卫(今南京)等地区。洪武十四年，云南爆发战争，一部分兵员从京卫被调往云南省支援战场，这其中也包括来自山东的已投降军队。

明洪武四年，明、元战争在辽东半岛爆发。距离辽东最近的胶东半岛则成为兵员和物资的重要支援地。明代末年朝鲜战争爆发，胶东半岛作为补给地，兵员大多迁移到朝鲜半岛。

(2) 军事人口的迁入。

明洪武三十一年，在胶东半岛沿海地区建立了"安东""灵山"等七个

"卫"及下辖"所"。沿海地区人口稀少,明代对投降军队采取的异地安置政策(将当地战场投降的军人分批安置到其他地区)、战争损失以及为辽东、云南及朝鲜战场提供的兵员补给等因素,导致胶东半岛军事人口的短缺,因此需从外地派遣兵员至胶东半岛进行补给。相关资料显示,明代有兵员从山东西部、山西、河北、四川、云南和江苏等地相继迁移到胶东半岛。

明代相关军事制度介绍如下。

①卫所制度。

卫所制度为明朝最主要的军事制度,为明太祖朱元璋所创立,其构想来自隋唐时的府兵制,又吸收元朝军制的某些内容而制定。明朝自北京达于郡县,皆设卫、所,外统于都司,内统于五军都督府。

卫所制度是一种"军农合一"的制度,兵员们在守卫卫岗和驻地的同时,在周边农田里从事名为"屯田"的农事生产活动,军费从"屯田"收取,不需要国家拨款,从而解决了军费不足的问题。明代初年开始以此作为主要的军事制度。户口分为"军籍"和"民籍",而"军籍"由兵员世代继承,兵员家族称为"军户"。

②屯田制度。

明朝边防军中,30%的兵员负责城镇戍守,70%的兵员从事农业生产,而在内地军队中,20%的兵员负责城镇守卫,80%的兵员从事农业生产作业。国家为每位兵员提供一人份的耕地和农具,兵员将收获的部分谷物上交国家的制度称为"屯田制度"。此外,还有"上屯""民屯"等屯田制度。

③募兵制度。

明代初年,以军屯制度作为主要的军事制度。兵员家族被迫沿袭"军籍",成为"军户",已故兵员则由兵员亲族替代继续服兵役。明代中期开始出现大批兵员逃亡现象,于是废除军屯制度,军人"募兵制度"开始产生并流行。战争爆发时,由政府招募兵员的制度被称为"募兵制度"。

2. 胶东半岛农业人口的迁移

明代胶东半岛农业人口的迁移见图 2-9。

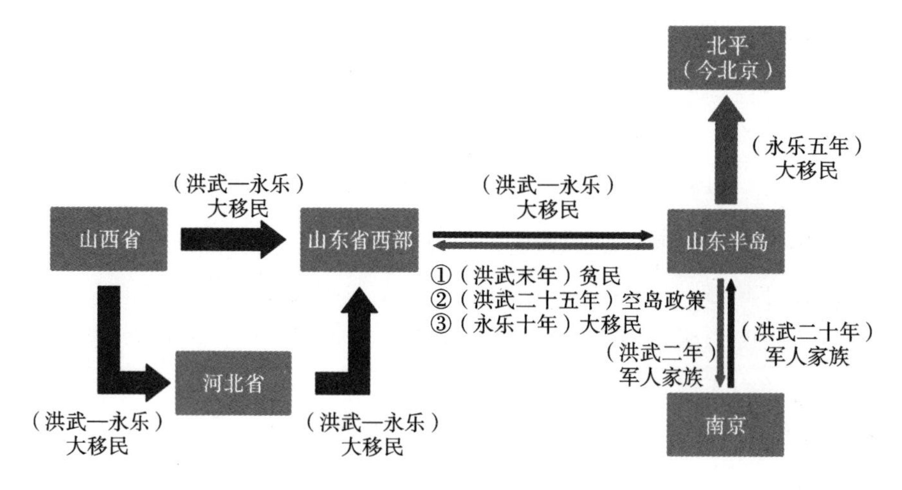

图 2-9　明代胶东半岛农业人口的迁移

（1）农业人口迁入。

洪武六年至永乐十五年间，全国范围内出现大规模的移民活动，被称为明朝大移民现象。没有受到战争影响的人口从人口密集的内陆地区迁往人烟稀少的胶东半岛沿海地区，从事生产和生活的同时逐渐在当地形成聚落。其中，山西省是明朝大移民的重要迁出地，大量的山西人口移居到河北和山东等地。

此外，山东省内战争的投降军人及其家属多被异地安置在京卫地区（今南京附近）。洪武二十年，国家实施了一项政策，让安置在京卫地区的投降军人家属返回家乡。在此过程中，兵员及其家族返回到山东省。

（2）农业人口迁出。

明洪武年间，实行了在沿海地区设置卫所的海防防卫制度。在卫所成立之前，实施“空岛政策”，将山东省沿海地区的住民迁往西部。其次，大移民政策和投降军人的异地安置政策也导致胶东半岛的住民迁往北京、山东西部和南京。洪武末年，胶东半岛因战争和自然灾害损失惨重，也导致一些贫困人口迁往内陆地区。

2.3.3 人口迁移的影响

1. 沿海地区新聚落形成

许多住民迁移到胶东半岛沿海地区，在进行军事防御的同时从事农业生产，逐步形成胶东半岛早期聚落。这些聚落随着历史变迁和人口繁衍逐渐向周边扩散，形成渔业、农业等不同的聚落类型。有关县史记载，荣成市传统聚落大多是在明清时期形成并发展起来的。

2. 特色风俗文化的形成

随着外地住民向胶东半岛陆续迁移，胶东半岛的风土人情和文化风俗也发生了变化。且受当地地理位置和气候条件影响，传统宗法和礼教意识逐渐淡化，海神信仰则逐渐强化。于是在历史、地理、自然等多方面因素影响下，胶东半岛逐步形成了具有当地特色的风俗文化。

3. 沿海地区新型作物的种植

胶东半岛多丘陵地，土质颗粒大，靠近海域，盐碱地多，导致农业生产力低下。此外，受大风、虫害、海水倒灌等自然灾害影响，传统农产品（小米、大米、豆类、高粱等）产量降低，粮食短缺问题严重。而随着外地住民的迁入，胶东半岛开始种植花生、玉米、小麦、红薯、马铃薯等易种植、高产量的作物，并逐步普及。

2.4 宁津地区海草房聚落的形成脉络

著者通过资料调查、实地考察、访谈等手段，梳理考察了宁津地区 52 处聚落的形成时期、聚落住民来源、形成时期的历史背景、聚落产业功能及其分布特征。

据县志记载，宁津一带海草房聚落形成于元代，在明清时期繁盛发展。根据我国历史背景，宁津地区 52 处聚落的形成期可归纳为五个阶段：元代的自然形成期、明代初期军事政策下的军屯期、明代中期的安定期、明末的农屯期、清代的地域内部扩散期（表 2-4）。这样，在各时代的历史背景影响下，逐渐形成了具有不同产业功能、不同区域分布的聚落类型。

表 2-4　宁津地区海草房聚落的形成阶段

阶段	形成期	形成背景	住民来源	聚落产业	分布特征
自然形成期	元代	战乱移民	随机	农业、渔业	风力较弱的中南部
军屯期	明代前期	军事移民	外省	军屯	军事据点周边
安定期	明代中期	安定期	周边地区	渔业中心	风浪灾害少的北部
农屯期	明代末期	农业移民	随机	农业、渔业	全地域分散分布
地域内部扩散期	清代	人口扩散	地域内部	农业中心	人口稀少地或原聚落周边

2.4.1　元代——自然形成期

元代形成的聚落为分布在宁津中南部的 4 处聚落（曲家 30 号、渠隔 39 号、留村 40 号、西南海 50 号）。数据显示，省外（1 处聚落）及宁津周边地区（2 处聚落）的住民迁移到宁津地区，从事农业（3 处聚落）或渔业（1 处聚落）生产作业（图 2-10）。据文献记载考察，元代我国北方战乱频发，那些逃离战争的百姓迁入地理位置偏远的宁津地区，在风力较弱的、水源丰富的中南部地区建造房屋，以农业或渔业为生，繁衍生息，逐渐形成聚落。

2.4.2　明代初期——军屯期

明初形成的聚落在宁津北部地区共 8 处，有 7 处最初具备军事守卫机能并从事农业生产。研究发现，在可以确定住民来源的 5 处聚落当中，4 处是由外省住民迁往宁津地区形成的聚落（图2-11）。元代自然形成期之后，

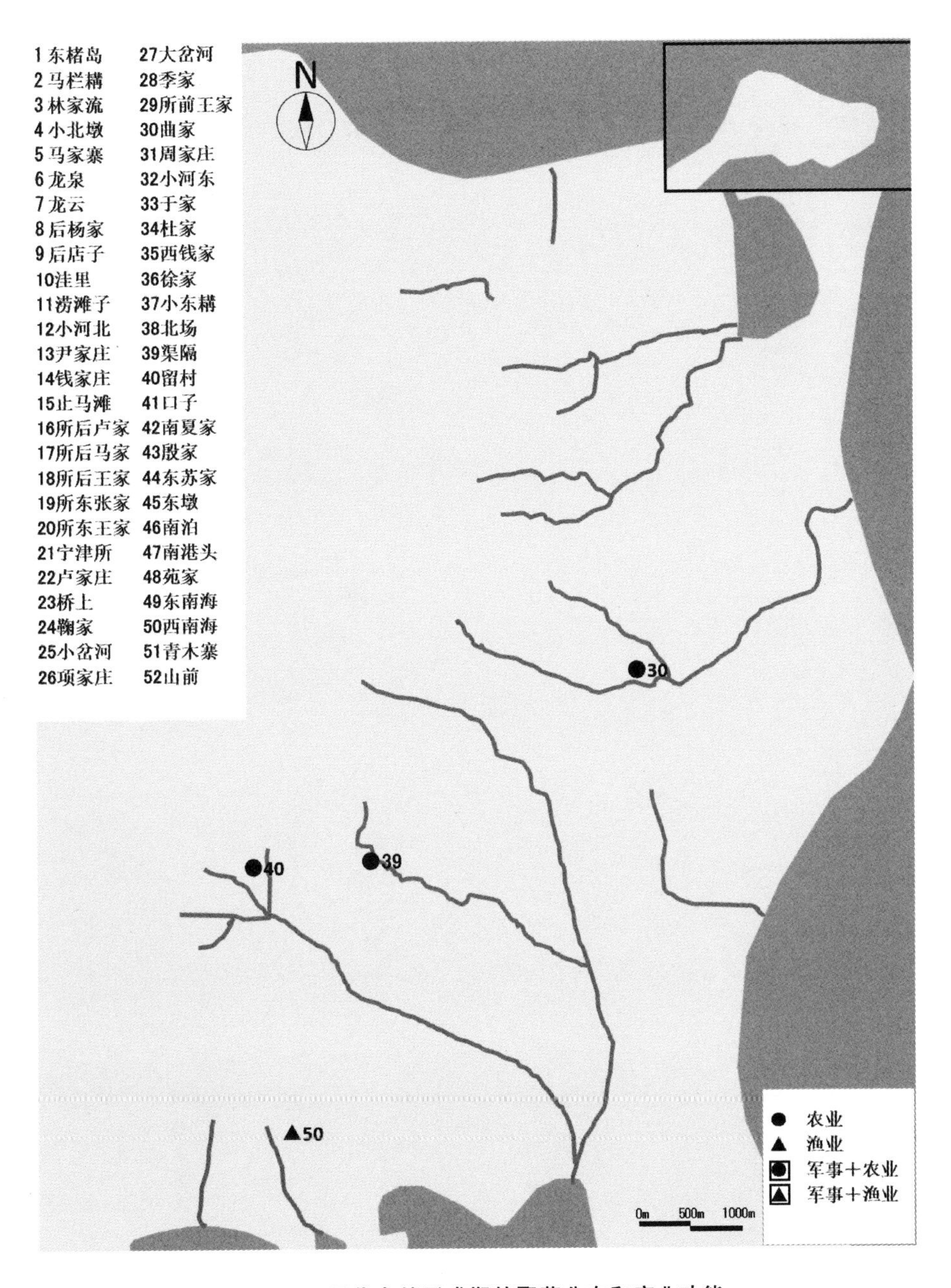

图 2-10 元代自然形成期的聚落分布和产业功能

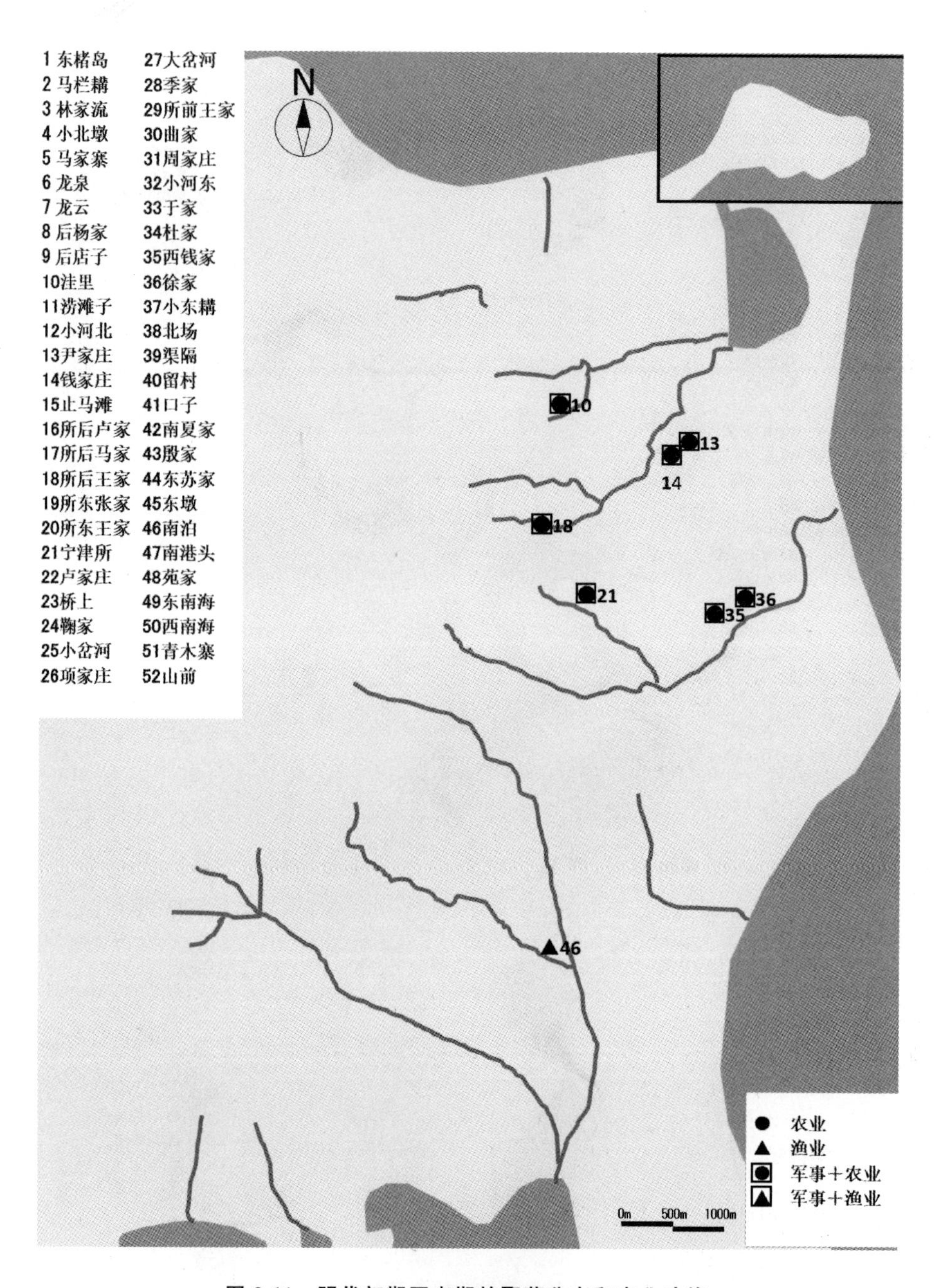

图 2-11 明代初期军屯期的聚落分布和产业功能

在明初的军事制度下，成立了宁津所，兵员和兵员家属从外省迁往这一地区。而根据当时的军屯制度，军人负责卫所军事防守的同时，在卫所附近从事农业生产。于是，兵员及其家属分散生活在以军事驻地（宁津所 21 号）为中心的周边水源丰富的地区，繁衍形成聚落群。

2.4.3 明代中期——安定期

在明代中期形成的 12 处聚落中，有 9 处是从宁津周边地区或宁津其他聚落的住民迁移过来而形成的聚落。在从事渔业生产的 10 处聚落中，有 7 处位于宁津区域的北部（图 2-12）。明代中期，一方面战乱减少，军事需求减弱，另一方面，军屯制度的弱化和募兵制度的盛行，使得军事和农业的联系减小，从宁津周边地区迁入宁津地区的住民分散到不易受到海浪及海水倒灌等灾害影响的宁津北部内海区域，从事捕鱼作业，繁衍形成北部内海的聚落群。

2.4.4 明代末期——农屯期

在明末形成的 13 处聚落中，有 8 处从事渔业生产作业，5 处从事农业生产作业（图 2-13）。明代后半期，朝鲜半岛爆发战争，宁津地区成为重要的战争补给地区，粮食短缺问题非常严重。国家采取措施将部分住民从西部地区迁移到胶东半岛从事捕鱼和农业生产活动，以解决战争期间粮食补给不足的问题，其中部分人口迁入宁津地区，形成农屯期的聚落群。

2.4.5 清代——地域内部扩散期

清代形成的聚落共有 15 处，有 11 处聚落可以明确住民来源。其中，由宁津地区内部聚落住民扩散而形成的新聚落有 8 处（图 2-14）。15 处聚落中有 9 处聚落的住民以农业为主要产业。宁津地区海草房聚落经过明后期的农屯期，到了清代，随着该地区内部原聚落人口增加，向周边人口稀少的地方扩散形成了一系列以务农为主的新聚落群。

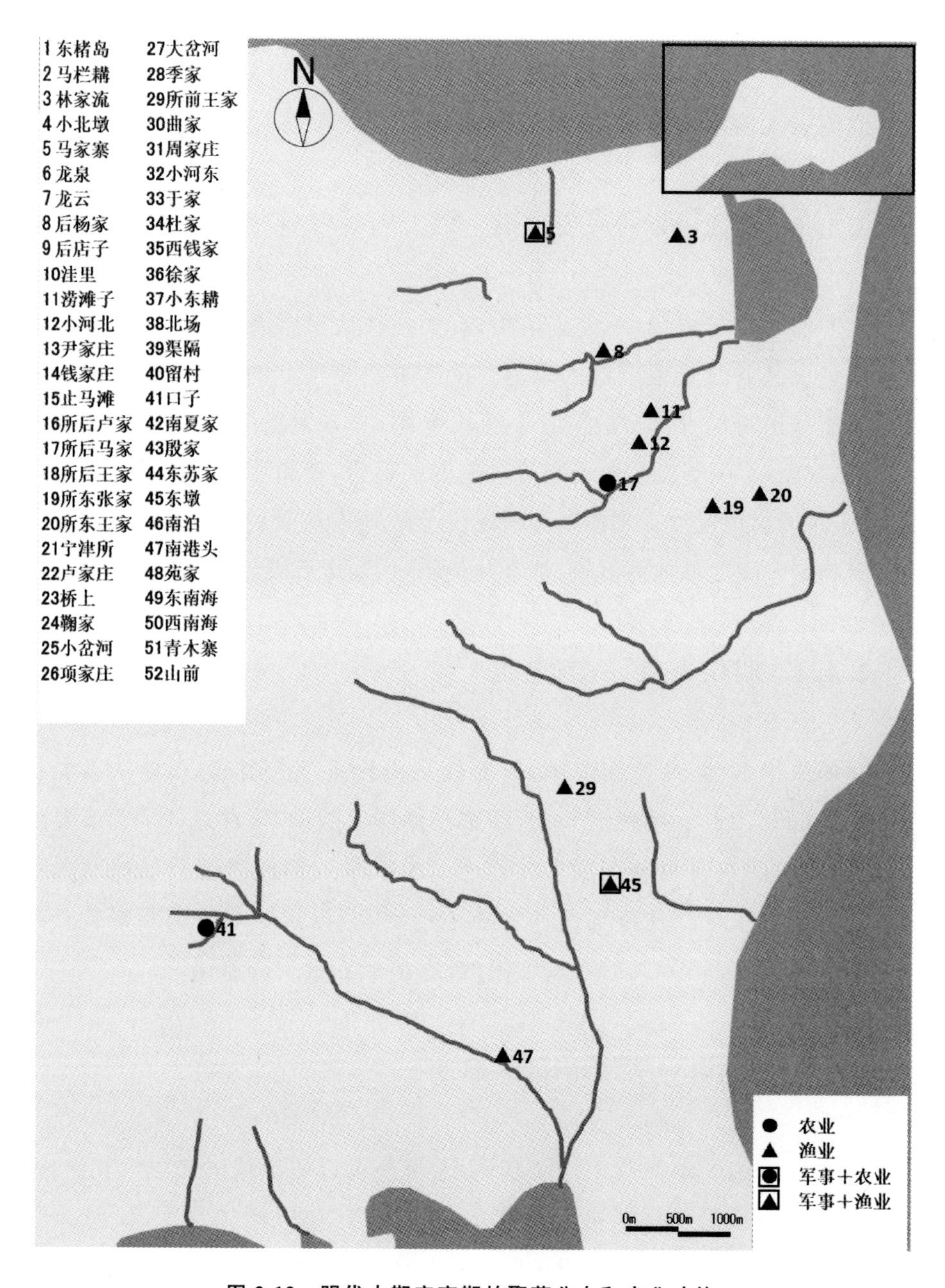

图 2-12　明代中期安定期的聚落分布和产业功能

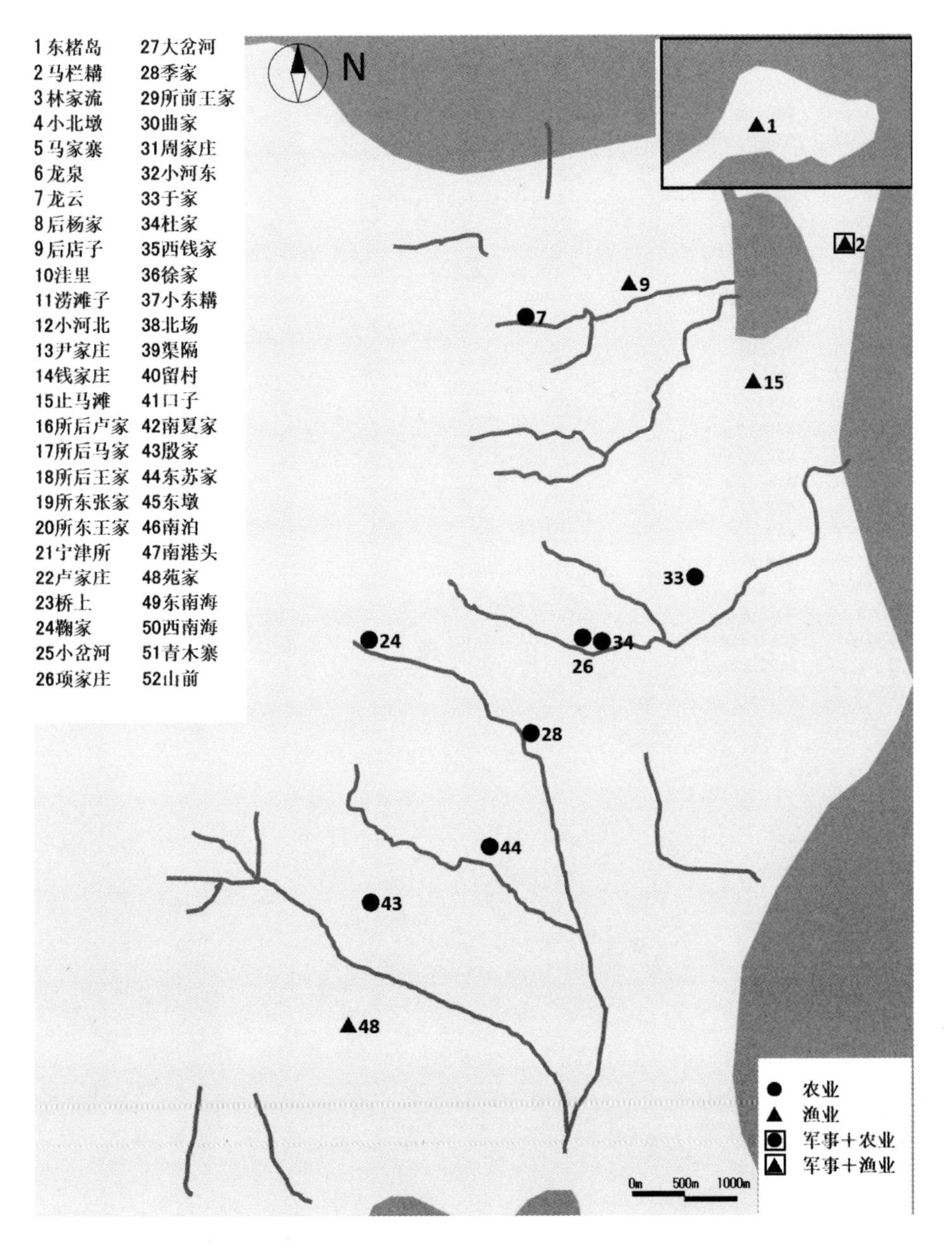

图 2-13　明代末期农屯期的聚落分布和产业功能

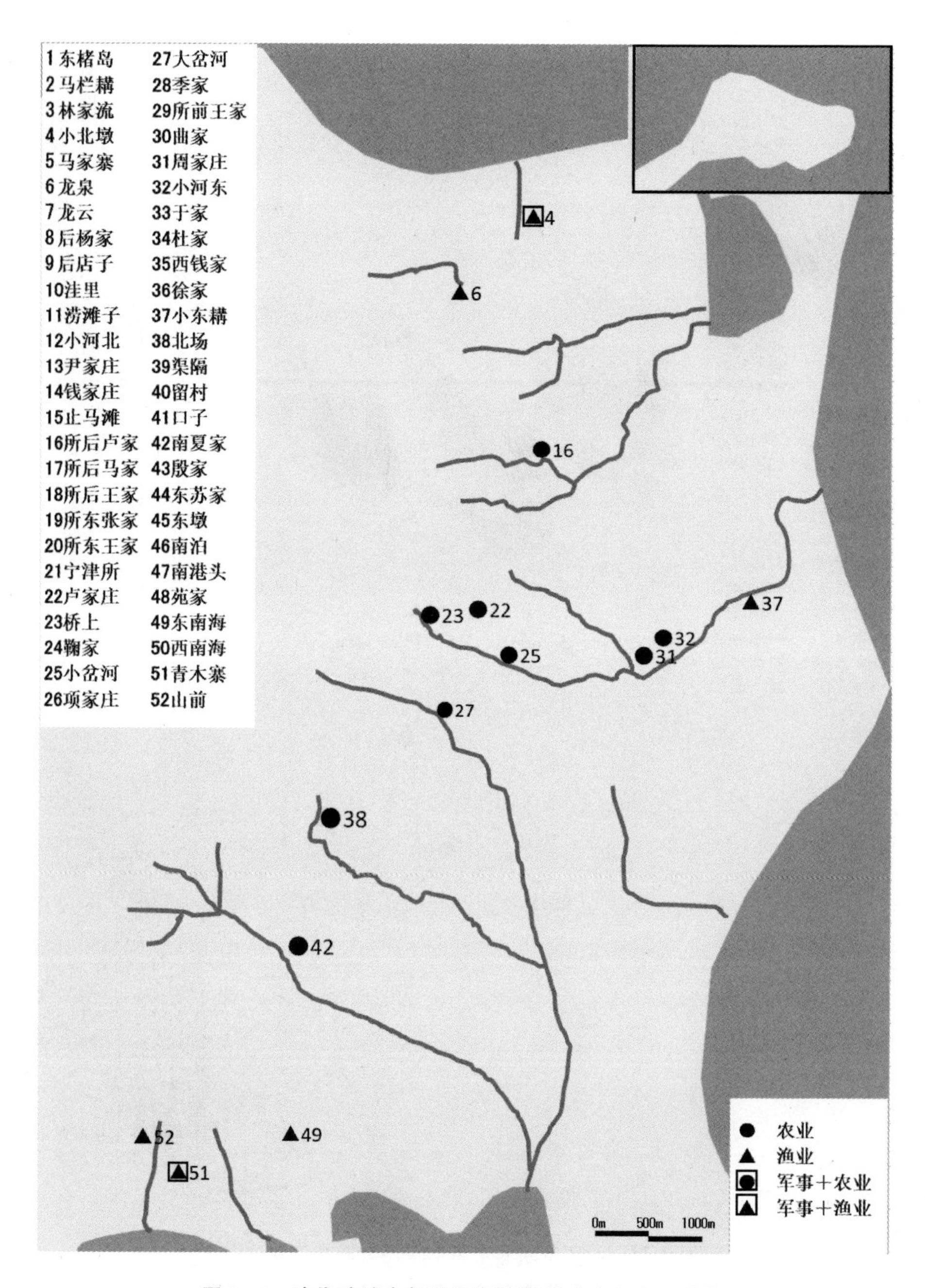

图 2-14　清代地域内部扩散期的聚落分布和产业功能

2.5 小　结

本章以海草房的建筑材料与工艺、建筑形式、形成历史与文化、分布及保全现状为背景展开，在考察对象聚落形成期的历史（军事制度及人口迁移）的基础上，明确了海草房聚落的形成脉络及选址、历史产业等特征，考察了影响聚落形成脉络的历史因素。研究结果梳理如下。

从洪武六年到永乐十五年，发生了18次大规模的移民事件。大移民出现在洪武前中期，从山西向中原地区（今山东、河北、河南）迁移，洪武末期和永乐时期，从山西、山东、湖广等地向塞北、北平（今北京）等北方地区迁移。大移民的方法有遣返、军屯、商屯、民屯等，虽然也有鼓励性政策，但较多的还是强制性政策。在胶东半岛，除了存在因全国范围大移民活动产生的人口迁移现象，也曾有过因投降军异地安置、空岛政策、朝鲜战场后方补给等因素引起的胶东地区特有的人口迁移现象。

据县史记载，宁津地区海草房聚落的形成始于元代，盛行于明清时期。从历史背景上看，宁津地区52处聚落的形成脉络可以归纳为五个阶段：元代的自然形成期、明初军事政策下的军屯期、明代中期的安定期、明代末期的农屯期、清代的地域内部扩散期。在这样的历史过程中，根据各个时代的历史背景，逐渐形成了具有不同产业功能需求和选址特点的聚落群。

据资料记载，元代我国北方频繁发生战争，从战乱中逃离的外地住民陆续迁入地理位置偏远、远离战乱的胶东半岛宁津地区，在中南部淡水资源丰富的地区建造房屋，开始从事农业或渔业生产活动，繁衍形成宁津地区最初的聚落群。这些聚落主要分布在避风的宁津中南部地区。另外，在明初的军事政策条件下，宁津所设置军事据点，兵员和兵员家属从外省迁入当地。根据当时的军屯制度，兵员在军事据点从事军事守卫的同时，也在据点周边进行日常生活所需的农耕生产活动。因此，兵员及其家属以军事据点为中心，分散在周边水源丰富的地方居住、生活。到了明代中期，随着战争的减少，军屯制度逐渐弱化，而募兵制度随之兴盛起来，军事与农业的关系变得淡薄，从周边地区迁入宁津地区的住民分散到不易遭受风浪灾害的北部海湾沿岸定居，主要通过捕鱼维持生活。到了明代末期，朝鲜战争爆发，宁津地区成为重要的战争资源补给地，大量军需方面的征用让粮食不足的问题变得严峻。于是，根据相关政策，一部分人从西部地区迁入该地，在这一地区从事渔业或农业生产活动，用以解决战争物资补给不足的困境。到了清代，随着地区内部人口增加，很多住民在聚落周边的土地上定居，进行农耕生产，进而形成了一批新的聚落群。

本章参考文献

[1] 威海市地方史志编纂委员会.威海市志[M].济南：山东人民出版社，1986.

[2] 荣成市地方史志编纂委员会.荣成市志[M].济南：齐鲁书社，1999.

[3] 吴天裔.威海海草房民居研究[D].济南：山东大学，2008.

[4] 刘凤鸣.齐文化对胶东莱文化的影响与提升[J].管子学刊，2005(4)：50-53.

[5] 刘凤鸣.胶东文化的形成和发展[J].烟台师范学院学报(哲学社会科学版)，2005(1)：11-16.

[6] 李政，李贺楠.胶东传统民居装饰的海文化特征[J].装饰，2005(5)：73-74.

[7] 李政，曾坚.胶东传统民居与海上丝绸之路——文化生态学视野下的沿海聚落文化生成机理研究[J].建筑师，2005(6)：69-73.

[8] 郭娜.明代山东军事移民——以《武职选簿》为中心的考察[D].西安：陕西师范大学，2014.

[9] 陆韧.明朝统一云南、巩固西南边疆进程中对云南的军事移民[J].中国边疆史地研究，2005，15(4)：68-76.

[10] 王玉珉.小云南迁民释疑[J].中国地名,2004(6):4-6.
[11] 张仲良.明代山东半岛海防——以登、莱为例[D].合肥:安徽大学,2013.
[12] 张兆裕.对明代人口流动的若干认识[J].中国史研究,2014(4):39-43.
[13] 刘娟娟.明清山东移民研究[D].济南:山东师范大学,2012.
[14] 李取勉.隋唐时期山东农作物的种植和分布[J].农业考古,2012(4):18-25.
[15] 高国仁.粟在中国古代农业中的地位和作用[J].农业考古,1991(1):195-201.
[16] 华林甫.唐代粟、麦生产的地域布局初探[J].中国农史,1990(2):33-42.
[17] 程皓.明代胶东半岛的四川移民——以明代掖县为中心[J].鲁东大学学报(哲学社会科学版),2010,27(2):29-32.

3 宁津地区海草房聚落的景观特征

3.1 研究背景及目的

位于荣成市宁津地区的52处聚落，截至2017年4月，1处聚落被列入国家传统聚落名录，11处聚落被列入山东省传统聚落名录。与此同时，相关聚落的保全规划也陆续实施。目前，其研究的焦点主要在聚落的居住地尺度的建筑形态和空间结构方面，缺乏地域及聚落形态、布局和空间结构方面的研究。

本章在考虑聚落景观构成要素、景观构造保全的基础上，着眼于三个空间尺度，即以聚落为基础的地域全貌，各处聚落的布局、形态、土地利用状况，以及聚落内部构成要素。以宁津地区海草房聚落为对象，在明确其景观特征（景观构成要素、景观构造）的同时，考察影响景观特征形成的因素。

3.2 研究方法

3.2.1 研究方法概述

本章的研究方法有以下三点。第一点是基于景观特征在各个尺度的探讨（分尺度讨论），即根据空间的范围，划分尺度来探讨景观的构成要素及景观构造。第二点是不同尺度景观构造的景观构成要素不同，也就是说，将景观构成要素按尺度划分并加以规定。第三点,从历史、自然、信仰等方面考察影响该地景观特征的因素。下面对这三点进行简单说明。

1. 分尺度讨论

早期研究主要从选址和形态两个方面把握52处聚落的景观特征。但是,将传统海草房聚落作为保全对象,不仅应该保全要素的特征,还应该保全要素的关联性。为了把握景观要素之间的关联性,本书引入景观构造这一反映要素关联性的概念。

本章根据空间范围的不同,将聚落划分为三个尺度(地域尺度、村域尺度、聚落尺度),探讨聚落的景观特征。在地域尺度,探讨以聚落为基础的地域全貌;在村域尺度,把握每处聚落的民居建筑群的布局、形态及土地利用状况;在聚落尺度,把握聚落民居建筑群内部的道路及房屋排列方式。

2. 不同尺度景观构造的景观构成要素不同

为了把握不同尺度的景观构造,有必要调查构成景观的要素的特征。因此,要充分探讨要素选定标准和分类方法。

本书从地域尺度、村域尺度、聚落(居住地)尺度三个尺度来把握聚落景观构造,并将每个尺度的景观构成要素均分为点要素、线要素、面要素。地域尺度是指西部山地和三面海域环绕的宁津地区范围,其景观构造的构成要素由52处聚落的分布状况来界定(图3-1)。其中,聚落是点要素,河流和道路是线要素,山、海和陆地是面要素(表3-1)。此外,村域尺度景观构造则是指村民日常生活、祭祀、娱乐的居住地,以及住民进行农业生产等活动的周边土地(图3-2)。其中,将家庙、水井、墓地和打麦场等人工构筑物及设施作为点要素,河流作为线要素,谷粮地、菜地和居住地等作为面要素(表3-1)。聚落尺度的景观构造,主要指房屋、家庙、道路等要素以及这些要素的空间构造(图3-3)。其中,家庙和房屋是点要素,主干路和胡同是线要素。

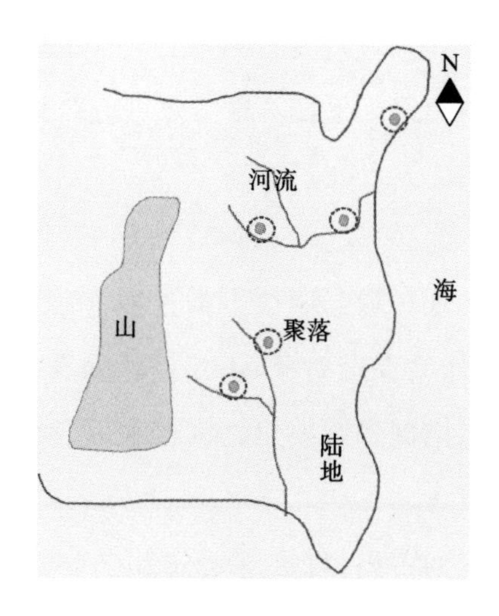

图 3-1　地域尺度景观构成要素及景观构造模式

表 3-1　各尺度景观构成要素

景观构造	景观构成要素		
	点	线	面
地域尺度	聚落	河流、道路	山、海、陆地
村域尺度	家庙、水井、墓地、打麦场	河流	谷粮地、菜地、居住地
聚落尺度	房屋、家庙	主干路、胡同	—

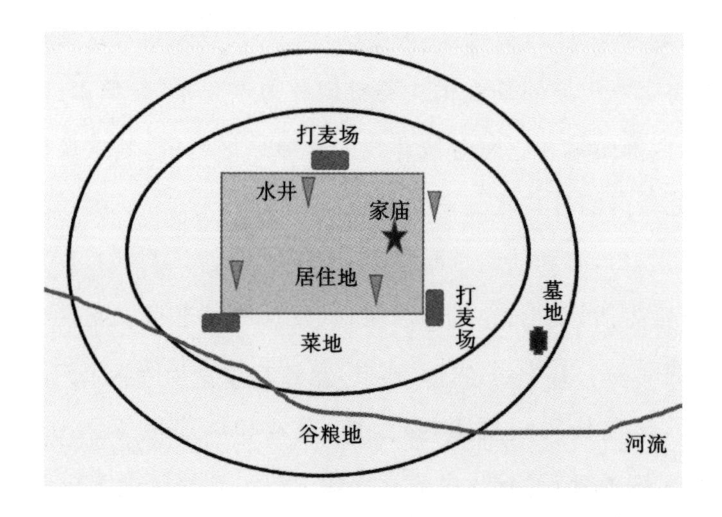

图 3-2　村域尺度景观构成要素及景观构造模式

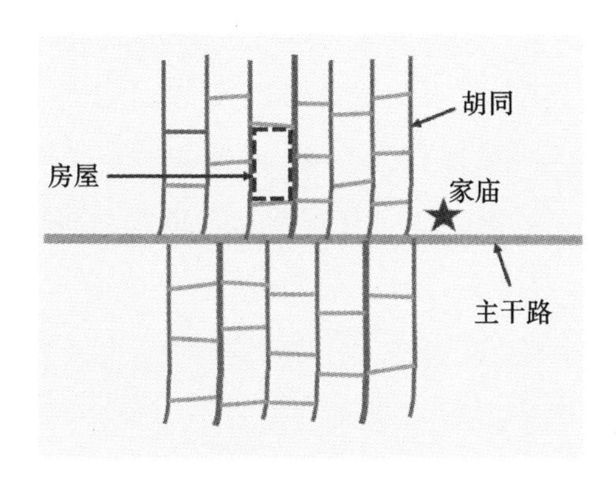

图 3-3　聚落尺度景观构成要素及景观构造模式

3. 考察景观特征的影响因素

宁津地区的海草房聚落，与其他地区的海草房聚落相比拥有其自身的独特景观。而这种独具特色的地域景观是在地域的历史、制度、地理、气象、文化和信仰等诸多因素的综合影响下形成的。在聚落保全方面，著者认为不仅要保全聚落景观的外在构筑物及设施，还需要保全景观要素之间的关联性，包括空间关联和内在关联。与此同时，也需要对影响景观的内在因素进行保全。为此，本章在把握形态、布局、构造等景观特征的同时，通过资料调查和面对面访谈的方式，把握地域的自然、地理、社会、历史等景观特征的影响因素。

3.2.2　把握方法

本书主要从景观构成要素和景观构造两点来把握景观特征，且分别从地域、村域、聚落这三个尺度来把握景观构造以及规定景观构造的构成要素。地域尺度指的是西部山地和三面环海的宁津地区，其景观构造由作为构成要素的 52 处聚落的分布和形态状况来界定。村域尺度景观构造由聚落选址的微地形、各聚落民居建筑群以及作为住民谋生活动场所的周边土地构成。而聚落（居住地）尺度的景观构造为构成居住区的房屋、家庙、道路和街道等人工构筑物或设施的配置以及这些要素之间的相互关联性。

为了捕捉地域尺度的景观构造，需确定研究地域与其他地域的关系，聚落的分布特征和相互关系，聚落与海洋、河流的位置关系，民居建筑群的集合形式，以及房屋布局方向。为了捕捉村域尺度的景观构造，设定了村域内部聚落所在地面的倾斜方向，聚落周边的土地利用情况，以及人工构筑物、设施与聚落的关系这 3 个把握项目。为捕捉聚落尺度的景观构造特征，设定了房屋分布特征、家庙组织结构和选址特征以及街道构成这 3 个把握项目(表 3-2)。针对各个项目，设定了具体的考察指标。其中，以距离聚落近端 300 m 的范围作为“有无邻近河流”的标准。聚落地势是指聚落所在地面的倾斜方向。参考聚落等高线图和实地考察资料，以聚落最高点和最低点的位置关系来定义聚落地势(图 3-4)。另外，聚落朝向指的是民居建筑群的排列方向。本书考虑到聚落规模和海草房比例，只把握各聚落内 30 户及以上的房屋排列方向，少于 30 户的个别房屋排列不予考量。以正房(规格或地位最高的房间)朝向庭院的方向定义房屋的排列方向(图 3-5)，用 16 个方位表示。

表 3-2　各尺度景观构造的把握方法

把握尺度	把握项目	考察指标
地域尺度	与其他地域的关系	村与外界的通路
	聚落分布特征和相互关系	聚落产业和选址分布
	聚落与海洋、河流的位置关系	与海的距离，是不是有海，海的能见度，是不是有邻近河流，与河流的位置关系
	民居建筑群的集合形式	聚落的形状
	房屋布局方向	聚落的朝向
村域尺度	聚落所在地面的倾斜方向	聚落的地势
	聚落周边的土地利用情况	民居建筑群和周边土地利用情况
	人工构筑物、设施与聚落的关系	房屋、水井、打麦场、墓地的选址和作用

（续表）

把握尺度	把握项目	考察指标
聚落尺度	房屋分布特征	房屋位置与血缘关系
	家庙组织结构与选址特征	家庙与姓氏的关系，家庙与主干道的位置关系
	街道构成	主干路与街巷路走向与形状

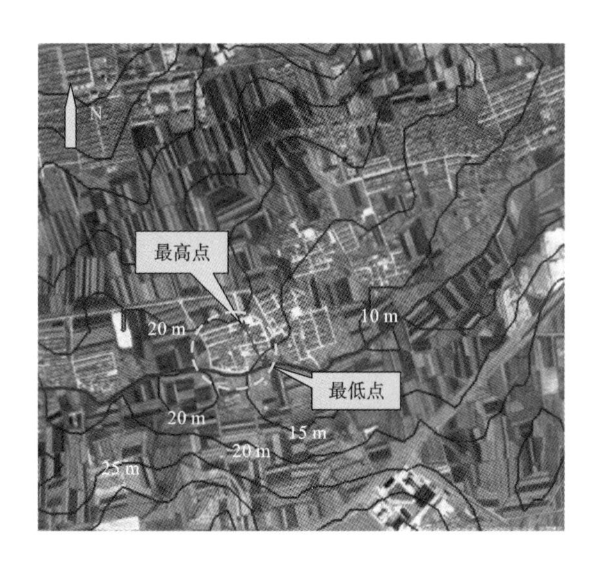

图 3-4　聚落地势把握方法（“西北高南低”示例）

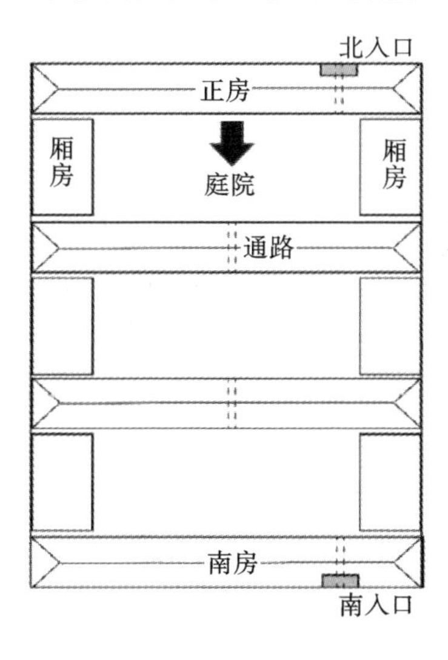

图 3-5　聚落朝向把握方法

3.2.3 调研、分析方法

本书选取宁津地区52处海草房聚落作为研究对象进行调研。对各聚落进行资料搜集、实地调研及村民访谈，制成52处聚落的景观要素调查表。在此基础上，从地域、村域和聚落三个尺度来规定各自相应的景观构成要素，捕捉景观构成要素的特征，把握各尺度的景观构造。

在地域尺度上，捕捉宁津地区与周边地区的关联性，宁津地区整体的地理、军事地位，52处聚落的选址特征、功能关系，以及各聚落的形态特征。

在村域尺度上，通过实地考察把握海草房聚落选址与聚落微地形的关系、聚落周边土地利用情况及周边构筑物与设施的位置关系。

在聚落尺度上，进行实地考察和访谈，从建筑分布的角度捕捉居住区内建筑群的布局方式以及道路的构造特征。自20世纪60年代以来，聚落中的许多构筑物及设施被重建、迁移或废弃，传统的空间结构发生了急剧变化，因此在本书研究中，仅探讨20世纪60年代之前的民居建筑、墓地、打麦场、水井和街道等人工设施。考虑到聚落规模及个别人口迁移情况，每处聚落中只探讨5户以上村民的姓氏。此外，为确认人工构筑物及设施的位置，就墓地的功能、聚落的形成历史、20世纪60年代前居住地范围的划定等内容对60～70岁的村长等村内威望较高的老者进行了访谈。根据调查结果，参考文献史料、气象数据等，对影响聚落景观构造的因素进行探讨。

3.3 宁津地区海草房聚落的景观特征

3.3.1 地域尺度的景观特征

1. 具有不同产业功能的聚落相互联系，分散分布在陆地内部的河流沿岸

该地域的特点是，以军事据点为基础，逐渐形成了渔业、农业等不同产

业功能的聚落。这些聚落在形成过程中，没有发展成像宁津西南方向的石岛地区那样的大规模聚落，而是在内陆的山区和沿海地区之间形成了多个相似的小规模聚落群。它们由道路连接，分散在河流沿岸(图3-6～图3-8)。

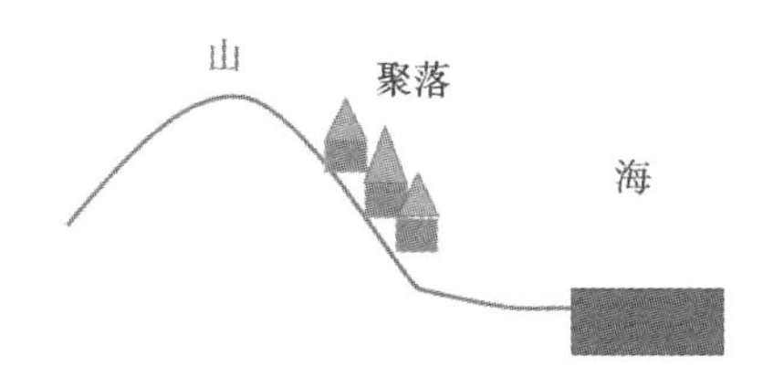

图 3-6　南部山区渔村剖面模式图

除 2 处聚落(1 东楮岛聚落、2 马栏耩聚落)外，大多数聚落都分散在距海一定距离的内陆地区。即使是从事渔业活动的聚落，也分散在离海有一定距离的地方，避开风力较大、易受海浪和其他灾害影响的沿海地区，分布在南部山区和北部海浪较弱的内海沿岸(图 3-6、图 3-7)。

另外，关于与河川的位置关系，本书采用了明确记载当地河流与聚落位置的 1909 年地形图进行考证。结果表明整个区域 52 处自然聚落当中，45 处聚落选址在河流沿岸处，其中 32 处聚落位于河流左岸(图 3-8)。

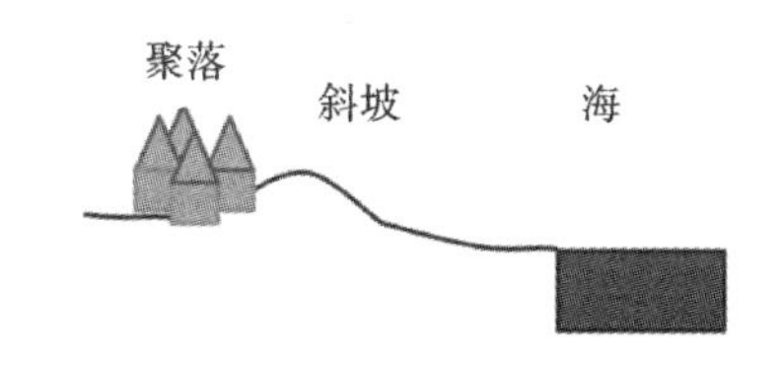

图 3-7　北部内海沿岸的渔村剖面模式图

在拥有海滩的 31 处聚落(有从事渔业生产活动的人)中，有 24 处聚落至今仍能看到大海(图 3-9、图 3-10)。

2. 聚落房屋以方形块状密集排列

聚落房屋形态呈方形块状且密集排列，房屋间以狭窄的胡同连接。并且，目前宁津大部分聚落当中，形成了传统的复合型房屋与阿弥陀型街道结

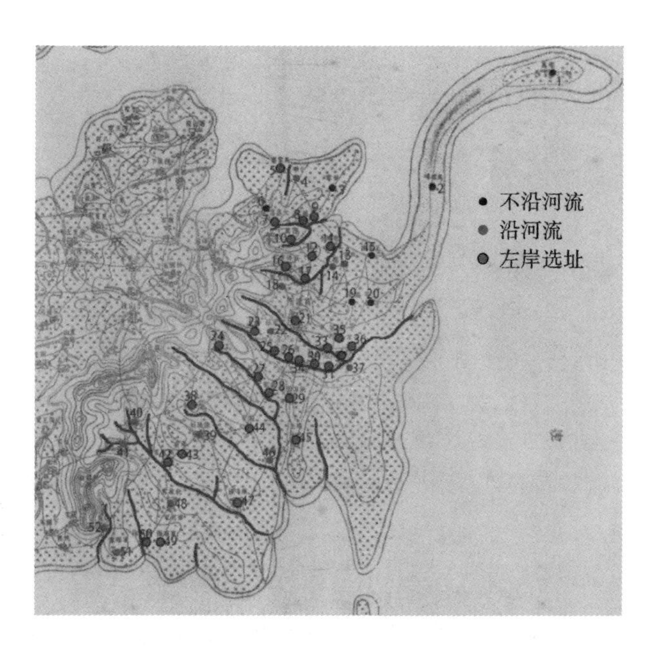

图 3-8　宁津地区聚落布局与河流位置关系图

（图片来源：《近史所档案馆藏中外地图目录汇编》，1909 年制作）

图 3-9　能看见海的苑家聚落

合的旧居住区和现代单一户型房屋与井字形街道结合的新居住区的混合布局状态（图 3-11）。

图 3-10　能看见海的山前聚落

图 3-11　两种类型居住区混合的聚落(南港头聚落)

3. 聚落朝向具有一定的倾向性

以宁津北部区域为中心，约有 6 成(30 处)聚落具有东南朝向(图3-12)，具体聚落名称如下：1 东楮岛、3 林家流、4 小北墩、5 马家寨、6 龙泉、7 龙云、

8 后杨家、9 后店子、10 洼里、11 涝滩子、12 小河北、13 尹家庄、14 钱家庄、15 止马滩、16 所后卢家、17 所后马家、18 所后王家、19 所东张家、20 所东王家、21 宁津所、22 卢家庄、25 小岔河、26 项家庄、30 曲家、31 周家庄、32 小河东、33 于家、34 杜家、35 西钱家、36 徐家。

在宁津南部区域的多处聚落中，有 1/3 的聚落朝向西南，且不论聚落选址处的微地形如何变化，聚落的朝向都呈现出相同的趋势(图 3-12)。

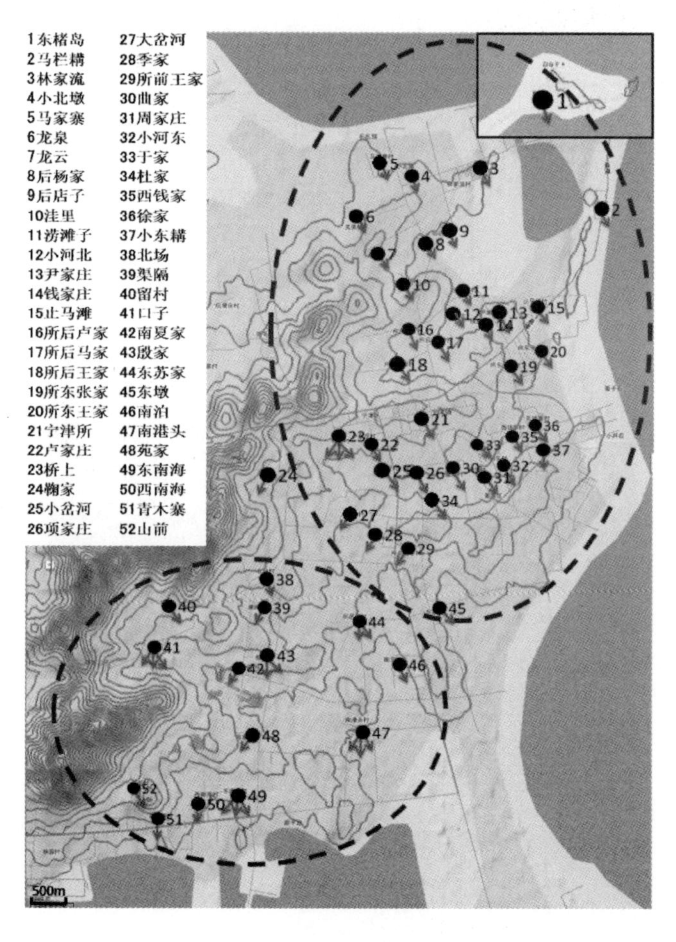

图 3-12　宁津地区聚落朝向图

3.3.2 村域尺度的景观特征

1. 北高南低的斜坡处选址

根据宁津地区的聚落选址情况，可以看出“整体在缓坡上选址，但也活用了微地形，约 7 成的聚落在北高南低的阳坡选址”这一特征。

在这 52 处聚落中，位于北高南低斜坡上的聚落有以下 36 处(约 7 成)：8 后杨家、9 后店子、11 涝滩子、12 小河北、16 所后卢家、18 所后王家、19 所东张家、20 所东王家、21 宁津所、22 卢家庄、23 桥上、24 鞠家、25 小岔河、26 项家庄、27 大岔河、28 季家、29 所前王家、30 曲家、31 周家庄、32 小河东、33 于家、34 杜家、35 西钱家、36 徐家、38 北场、39 渠隔、40 留村、42 南夏家、43 殷家、44 东苏家、46 南泊、47 南港头、49 东南海、50 西南海、51 青木寨、52 山前(图 3-13、图 3-14)。

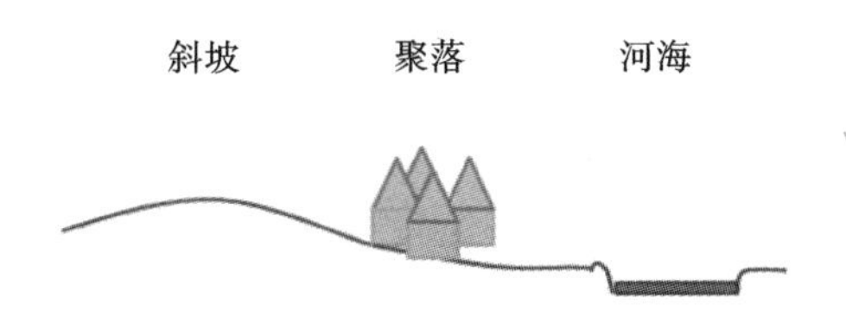

图 3-13　斜坡处选址的聚落剖面模式图

2. 以居住地为中心的三层同心圆结构

宁津地区各聚落的土地利用分为三层，即以村民居住生活的居住地为中心，外围为菜地，再外围是谷粮地(图 3-15)。随着居住地的扩张，菜地逐渐减少或消失，但在初期阶段，多数聚落都呈现出这样的三层同心圆结构特征。

另一特征是，在各层同心圆的边界都建有水井、打麦场和墓地等人工设施，这些设施明确了聚落的边界范围。研究发现，水井建在聚落居住地内部

图 3-14　北(山)高南(海)低的阳坡选址的青木寨聚落

或外围,作为日常取水场所,明确了居住地的领域;打麦场被村民用作加工和晾晒自谷粮地运回的粮食作物的农业生产场地,明确了居住地与菜地之间的边界,而远离聚落居住地的墓地则标志着聚落内谷粮地与其他聚落的边界。

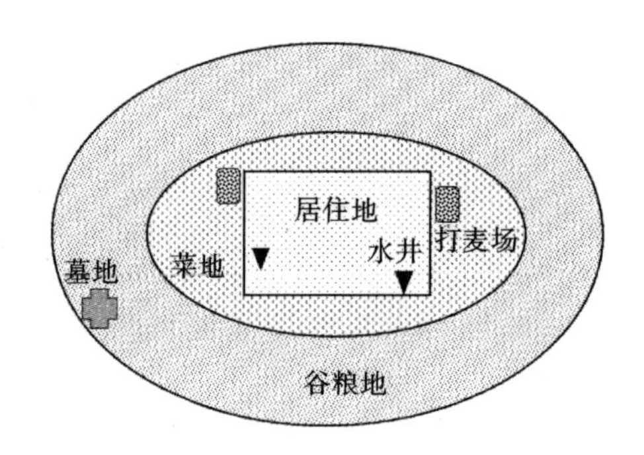

图 3-15　宁津地区海草房聚落的同心圆构造模式图

(1) 菜地和谷粮地(图 3-16、图 3-17)。

蔬菜需水量较大,因此时常需要灌溉。为使蔬菜保持健康生长,经常打理菜地也需要大量劳作,因此,种植蔬菜用的菜地都设置在居住区房屋周边。另外,宁津地区一直以雨水或地下水作为粮食作物的主要水源,很少对粮食作物进行灌溉,往往采用不花费太多人力、自然生长的简易耕作方法,故谷粮地可设置在离居住地相对较远的外围耕地处。

图 3-16　居住地周边菜地

（图片来源：著者摄）

图 3-17　菜地外围谷粮地

（图片来源：著者摄）

(2) 海滩(图 3-18)。

海滩一方面作为停泊船只的场所，另一方面也被用作渔业、海产品加工的作业场所。例如处理从海里捕捞的海产品、编织渔网、晾干海产品等生产活动大多在海滩进行。图 3-18 是将收割上来的海带晾晒在海滩上的作业画面。

图 3-18 海产品加工作业的海滩

（图片来源：著者摄）

（3）打麦场（图 3-19）。

在机械作业发展起来之前，小麦等谷类农产品从谷粮地中采收后运回放置、出粒、晾晒的作业场所，往往被设置在居住地周边，被称为“打麦场”。打麦场除了小麦收获季节用来作业，还可以常年用于堆置麦秆、玉米秆等作物燃料。

图 3-19 打麦场

（图片来源：著者摄）

（4）水井（图 3-20）。

宁津地区水井众多，因为地下水位高，打井相对容易，饮用水主要来自水井。此外，水井还被用作淘米、洗菜、洗刷衣物的场所，井台作为居住地的重要生活场所，经常可以看到村中女性忙于洗涮的生活场景。

东楮岛聚落

马栏耩聚落

图 3-20　水井

（图片来源：著者摄）

3.3.3　聚落尺度的景观特征

1. 聚落中心性薄弱

在聚落（居住地）尺度上，大小和形状相似的房屋呈几何形排列，按照血缘关系远近聚集，形成一定规模的建筑群，聚落并不具有明显的中心性结构。研究发现，聚落不一定都有家庙，宁津地区 52 处聚落中只有 28 处（53.8%）存在家庙。宁津地区海草房聚落的家庙样式见图 3-21。

与浙江省兰溪市诸葛村这样中心性结构强的聚落不同，宁津地区传统聚落内部并不存在各种等级的主祠、支祠，每个姓氏家族最多只建有一所家庙。

另外，作为各聚落重要活动场所的家庙，也并不一定位于聚落中心，而是有八成以上设置在民居建筑群外部。从选址位置上来看，宁津地区聚落的家庙比起作为家族的一种象征意义，似乎更重视其担负的主要功能。除了重要传统节日的祭祀功能，家庙还是聚落住民日常听戏、看电影的一个休闲娱乐场所。

家庙的正前方

家庙的侧方

图 3-21　宁津地区海草房聚落的家庙样式

综上所述，可以认为虽然以姓氏集中聚居的现象存在，但聚落居住地的空间结构中心性比较薄弱。家庙依其与主干道及聚落的位置关系，可分为家庙中心型（5 处聚落）、家庙干道邻近型（16 处聚落）、家庙角型（7 处聚落）三种选址模式（图 3-22）。

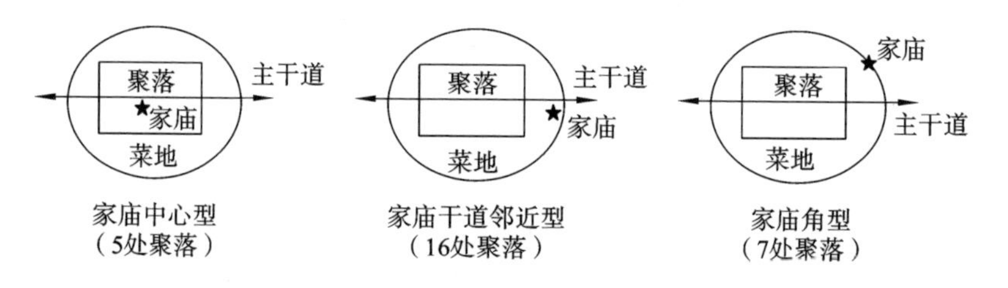

图 3-22　宁津地区海草房聚落之家庙选址模式图

2. 聚落方向性明确

在聚落居住地的方向性这一层面上，宁津地区聚落呈现出明确的聚落方向性。在决定聚落方向性的要素中，道路发挥着重要作用。与东西方向的直线主干道垂直相交的是阿弥陀型的狭长“胡同”（图 3-23），胡同连接着方形的传统复合型房屋，从而形成了聚落居住地内的街道构造，这种街道构造明确了宁津地区聚落的方向性（图 3-24）。

东西方向的直线主干道被用作聚落的公共空间，不仅作为通行的主路，同时也作为市场、广场等人流量大的活动空间充分利用（图 3-25）。另一方

渠隔聚落

留村聚落

图 3-23　宁津地区聚落的胡同样式

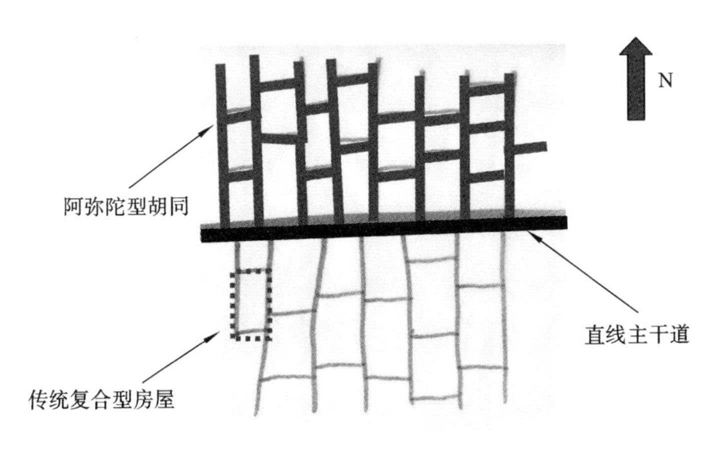

图 3-24　宁津地区聚落内部街道的方向性构造图

面，狭窄的胡同被用作住民的“私人空间”和“半私人空间”，不仅用于连接两侧房屋，堆放秸秆、干柴等，还因遮阳和通风的特点被左邻右舍作为夏季傍晚纳凉的场所(图 3-26)。

图 3-25　用作集市的聚落东西方向主干道

图 3-26　住民在南北方向的胡同里乘凉

3.4　景观特征的影响因素

3.4.1　自然与地理因素

1. 气象与灾害

气象资料显示，荣成市冬季多强北风天气，来自西北方向的强风最多。根据 1953—1980 年的气象数据，荣成市一年当中风力达到 8 级(17.2～20.7 m/s)以上的有 52.3～123.8 天，平均最大风速为 22 m/s。另外，根据县志记载的公元 379—1994 年荣成市自然灾害统计表(表 3-3)，有记录的水灾(降水和海水倒灌)、风灾、旱灾、冰雹、虫害、海啸发生次数分别为 61 次、53 次、30 次、18 次、15 次、5 次，特别是水灾、风灾、旱灾频发。

因此，当地住民避开风浪大、易受到海啸侵害的海边，在离海边一定距离的取水容易的地方，选择北高南低的避风处，用海风吹到海滩上的海草做屋顶，建造冬暖夏凉的海草房，并在此繁衍生息形成聚落。本书考察了影响宁津地区地域尺度、村域尺度、聚落尺度景观特征的气象和灾害因素，总结如下。

表 3-3　荣成市自然灾害统计表

年份	自然灾害发生次数								
	水灾	风灾	旱灾	冰雹	虫害	冻灾	雪灾	海啸	地震
379—1735 年	22	6	5	3	5			2	1
1739—1795 年	6	7	5	1	2	2	1		
1799—1839 年	7	1	5	1	1				
1852—1899 年	1	3	1		2				
1914—1949 年	3	2	2	2	3			1	
1950—1994 年	22	34	12	11	2	2	1	2	
总计	61	53	30	18	15	4	2	5	1

（1）地域尺度。

为防止巨浪造成的海水倒灌，渔村聚落往往分布在宁津南部海拔稍高的山地处或海浪较弱的宁津北部内海沿岸处，而非邻海而建。另外，宁津北部聚落的建筑群大多呈东南朝向，呈现出显著的聚落方向性特征，这一特征应为该地区冬季多刮西北强风所致。

（2）村域尺度。

聚落大多选址在北高南低的坡地上，巧妙地利用了微地形。这种选址方式在冬季有利于阻挡来自北方的强风，且获得充足的光照，保证冬季取暖效果。

（3）聚落尺度。

自然灾害频发的严酷自然条件，外加战乱等社会条件影响，当地住民生活极不安定。他们为了安居乐业，获得内心的抚慰，只能将对美好生活的愿望寄托在神灵上，所以宁津地区的住民逐渐形成并加深了对三官、娘娘、山神、龙王、妈祖等的神灵信仰及渴望祖先庇佑的先祖信仰。另外，由于自然灾害和土壤贫瘠等地理因素，农作物产量很低，粮食不足问题严重，土地作为极其宝贵的资源被珍贵对待并利用。因此，即使同样重视神灵信仰，也因耕地不足无法像山西那样每处聚落都建造大量的寺院，而是形成了具有神灵信仰、休闲娱乐以及祭祖等复合功能的新型家庙，这也体现了宁津地区聚落中心性薄弱的特点。可以认为新型家庙的形成既应对了土地资源不足的问题，也保留了对神灵和先祖的信仰。

另外，由于冬季寒冷强风的影响，聚落内部房屋都按照一定的朝向偏南排列，从而形成了能够分流冬季强风的南北狭长"胡同"，由此，房屋的方向性得以明确。

2. 地理、地形、地质

宁津地区位于我国的最东部，北、东、南三面靠海，西部靠山，海上防卫意义显著。另外，宁津地区与西部内陆仅能通过位于山地南北向的两条狭窄通道进行联系，易守难攻，具有极其重要的军事战略意义。

宁津地区河流较多，河流取水地分布广泛，这使得同姓家族能够在取水地集中建造房屋，一边农耕一边生活。由于地下水位高，容易挖掘水井，水井数量比较多，饮用水和洗涮用水都从水井中获取；另外，村民在靠近河流的土地上种植蔬菜，从河中取水浇灌菜地，而谷粮类农产品的用水则基本由地下水提供，因此采用了比较省时省力的粗放型耕作方法。

本书探讨了影响宁津地区地域尺度、村域尺度景观特征的地理、地形、地质因素，总结如下。

(1) 地域尺度。

作为军事防御对策，以位于中心地带高地的据点（宁津所聚落）为中心，沿着海岸线分散建立军事聚落；且因河流遍布，取水地广泛分布，农业聚落呈分散状态。宁津地区多大风冰雹天气，土壤颗粒大，蓄水能力弱，盐碱地多，土壤贫瘠，农作物产量比较低，因此为节省耕地，住民将房屋以块状的民居建筑群形式密集排列，有效利用了耕地资源。

（2）村域尺度。

为适应该地严酷的自然环境，当地住民在住宅区附近的河流沿岸种植需水量大、灌溉条件要求高、人力耗费多的蔬菜，而在比较偏远的菜地外围地区，栽培一些不需灌溉、仅靠地下水即能成活的谷粮作物（花生、玉米、小麦、大豆等）以满足生活所需，从而形成了同心圆式的三层土地利用结构。

3.4.2 社会因素（生活方式、宗教等）

20 世纪 60 年代之前，当地住民有着多代人共同居住在复合型房屋内的习俗。在宁津地区，同姓家族住民共同生活在复合型房屋建筑内，形成了家族间密切联系的大家族生活方式。

在我国聚落选址的相关文献当中，多会提到“背山面水是为宝地”“山南水北为阳，阳地建房”的风水思想。“背山面水”“阳地建房”等究其根本，是从防风、取水、采光、避免河水对右岸的侵蚀等方面利用微地形的特点，实现对自然、气候、水文等方面的适应。自古以来，风水思想都对我国聚落的选址影响很大。另外，从整体来看，我国北方地区由于战争等原因人口流动较多，宗法礼教意识较南方地区相对薄弱。而胶东半岛地区由于受特殊的地理位置和气候条件等因素影响，宗法礼教意识则更为薄弱。另外，在严酷的自然条件和社会条件的影响下，当地住民生活极不安定。他们为了安居乐业，获得内心的慰藉，只能将对美好生活的愿望寄托在神灵上，从而加深了对神灵和祖先的信仰。

本书考察了影响宁津地区地域尺度、村域尺度、聚落尺度景观特征的社会因素，探讨如下。

（1）地域尺度。

方形块状的聚落形态是由方形住宅的连接、分割、扩张逐渐形成的。同姓家族世代繁衍、聚居生活，家族内部保持密切关系，形成方形聚落。20 世纪 60 年代之前，因多代人共同生活在一起的传统习俗，复合型房屋成为适合大家族生活的传统民居形式。随着世代繁衍，后世子孙会以祖辈老宅为中心，依次向四周扩散建造宅院，以狭窄胡同相互联系，聚落形态也由主干道向四周扩张，内部的胡同则逐渐连接形成阿弥陀型样式。

(2) 村域尺度。

聚落的北部地势较高，南部大多邻近河流(聚落多位于河流左岸)，这种特征也可认为是受到“背山面水”“阳地建房”等风水思想的影响。

(3) 聚落尺度。

在对象聚落中，同姓住民集中居住，但与其他地区相比，因受地理位置和气候条件等因素影响，宗法礼教意识较为淡薄，这种意识形态可以看作是家庙选址的多样性和聚落布局中心性薄弱的主要原因。

宗法礼教意识的淡薄、神灵信仰的深化以及土地资源的贫乏等因素共同作用，导致宁津地区产生了多种不同的家庙选址模式。在以家庙或祠堂为中心的聚落当中，祭祖和处理家族事务往往被认为是家庙和祠堂的中心职能，族内宗法制度比较严格，这一类型聚落的家庙或祠堂基本被建于聚落的中心，而其他的聚落构筑物、设施则围绕家庙而建，聚落的中心性得到充分体现。除了这种基本模式，宁津地区家庙、祠堂功能的复杂性也促使当地不同的家庙选址模式的产生。其中，在部分家庙靠近主干道设置的聚落当中，一方面，聚落依旧重视家庙的祭祖功能，另一方面，因耕地不足造成公共休闲空间缺失，聚落住民不得不将具备休闲娱乐功能的广场空间合并到家庙当中，形成了同时具备祭祖、公共休闲等多项职能的新型家庙，这种家庙不仅用来祭祖，也可以偶尔在其内部或门前搭设简易戏台或设置庙会，实现小规模的公共娱乐空间功能。这种兼具娱乐和祭祖职能的复合型家庙也决定了家庙日常生活利用的较高频率，因此将家庙设置在主干道附近，目的是保证日常公共休闲娱乐的便利性。除了以上两种家庙模式，另外部分聚落在距离主干道较远的边缘位置设置家庙，这种家庙往往不具备处理族内事务这一职能，只是作为特殊节日祭祖的场所，这种家庙选址模式也在一定程度上说明这些聚落更重视神灵信仰，而非先祖信仰。相关研究表明，这三种模式当中约有60%的聚落的家庙被设置在距离主干道较远的边缘位置，这被认为是宁津地区宗法意识及聚落中心性薄弱的一种体现。

3.4.3 历史因素（人口迁移等）

从洪武六年到永乐十五年间，我国大规模移民活动先后发生了18次之多。其中部分是通过政府倡导奖励的方式发起，但更多的则是通过强制手段得以实现。除大移民背景下的人口迁移活动外，胶东半岛地区还出现过一些其他原因引起的人口迁移活动。

据《荣成县志》记载，宁津地区的海草房聚落最初形成于元代，至明清时期开始兴盛起来。本书通过梳理明朝的历史背景和军事政策，将宁津地区52处聚落的形成时期归纳为五个阶段：元代的自然形成期、明初因军事政策而形成的军屯期、明代中期的安定期、明代末期的农屯期和清代的地域内部扩散期。由此可以发现，在漫长的历史进程中，具有不同产业功能的聚落最初是在不同时期的历史背景下逐渐形成并发展起来的。

本书考察了影响宁津地区地域尺度景观特征的历史因素，探讨如下。

多种产业功能的聚落在历史进程中逐渐形成，是适应历史背景而产生的，功能的需求也决定了聚落的选址特征。以军事防卫为目的的军屯聚落需在具有战略意义的特殊地形处选址，以农业生产为主要职能的农屯聚落需在河流沿岸易取水且耕地相对平坦的位置选址；而以渔业生产为土要职能的聚落则需在能看到海，且不易被海浪侵害的位置选址。因此，聚落的选址是与聚落的职能相适应的，而聚落的职能则是由历史时代的特殊需求所决定的。

3.5 小　　结

宁津地区海草房聚落的景观特征如下。在地域尺度上，具有不同产业功能的聚落相互联系且分散分布；聚落房屋以方形块状密集排列；聚落朝向具有一定的倾向性。在村域尺度上，可以看到大多数聚落的居住地在北高南低的斜坡上布局，且形成以居住地为中心，外围依次被菜地和谷粮地环绕的三层同心圆结构的土地利用状况。在聚落尺度上，聚落空间结构呈现出中心性薄弱和方向性明确的特征。影响宁津地区海草房聚落景观特征形成的因素可以从自然、地理、社会、历史等方面进行考察。将影响对象地域各尺度上海草房聚落景观特征的因素归纳如下。

(1) 地域尺度。

①具有不同产业功能的聚落相互联系，分散分布在陆地内部的河流沿岸。

宁津是处在胶东半岛最东部的沿海小镇，西面环山，北、东、南三面邻海，地理位置的特殊性及地域内部的高度封闭性，都让宁津成为明清时期一处极具战略意义的军事要地。在南部的微高地和海浪较弱的北部内海沿岸散布着渔业聚落，被认为是抵御海浪侵袭的对策。另外，宁津地区可取水的河流分布广泛，这使得一些住民能够在河流沿岸取水地集中建造房屋，依靠农耕维持生计并繁衍生息，这也可以理解为农业聚落得以在宁津地区散布的主要原因。

②聚落房屋以方形块状密集排列。

方形块状的聚落房屋排列形态，是由最初的矩形复合型住宅通过彼此连接、内部分割、向外围扩张等过程逐步形成的。同姓的地域住民集中居住，家族内部保持密切交往，他们共同生活在一个区域并经过世代繁衍而形成聚落。20 世纪 60 年代之前，各家族习惯于多代人共同居住，所以适合多代人大家族居住的复合型房屋成为当时的主要建筑形式。之后随着家族繁衍、家族规模的扩大，房屋从最初的老宅院向外扩张，大小不同的复合型房屋由胡同相连接，形成了阿弥陀型街道形式。

③聚落朝向具有一定的倾向性。

为应对来自西北方向的强风，以北部为中心的聚落的房屋建筑群大多为东南朝向，而宁津西南部因受西部山脉影响风向发生改变，导致聚落房屋建筑群多呈西南朝向，聚落的朝向特征明显。

（2）村域尺度。

①选址在北高南低的斜坡。

聚落多在北高南低的斜坡处选址，可以认为是巧妙利用微地形阻挡冬季来自北方的寒风，并且获得充足光照的适应性特征。

②以居住地为中心的三层同心圆结构。

宁津地区的地下水位较高，因此相对容易打井，饮用水、生活洗涤用水和部分蔬菜灌溉用水从水井中获取，水井主要设置在居住区和紧挨居住区的外围菜地中。而大多数聚落在河流沿岸选址，菜地所需的大量灌溉用水除了部分取自水井，其余大部分则取自紧挨菜地外围的河流。而需水量不如蔬菜、日常也不需要花费太多时间打理的粮食作物，则被种植在离居住区和河流较远的最外围谷粮地。在当地的水文气象影响下，聚落村域范围的土地利用形成了三层同心圆结构。

（3）聚落尺度。

在宁津地区的聚落内部，同姓住民集中居住，但与其他地区相比，宗法礼教制度并不严格。从我国整体来看，北方由于战争等原因人口流动较多，与南方相比宗法意识相对淡薄。而胶东半岛地区，受特殊的地理位置和严苛的气候条件等影响，宗法和礼教意识更为淡薄，这也导致了以家庙为中心的聚落中心性薄弱。另外，受冬季寒冷的北风影响，房屋建筑群多朝南排列，分流寒冷北风的南北走向的多条阿弥陀型的狭长“胡同”与东西方向的聚落主干道正交，形成明确清晰的聚落方向性。

综上所述，强风和海浪将大量海草卷到海滩，当地住民将晒干的海草收集起来，避开容易被海浪侵袭和海水倒灌的海边，而在与海边保持一定安全距离的内陆河流左岸处的近海区选址，建造冬暖夏凉的海草房居住。他们建造水井以满足日常用水需求，建造家庙、山神庙、龙王庙、娘娘庙等信仰空间以祭祀先祖和神灵。在居住地附近水源充足的河边种植蔬菜，而在远离居住地、河水较少的地方种植粮食作物（花生、玉米、小麦、大豆等），世代繁衍生息，形成了宁津地区特有的传统海草房聚落景观。

本章参考文献

[1] 赵之枫. 传统村镇聚落空间解析[M]. 北京：中国建筑工业出版社，2015.

[2] 荣成市地方史志编纂委员会. 荣成市志[M]. 济南：齐鲁书社，1999.

[3] 王梅. 胶东民居——海草房景观形态调查报告[D]. 武汉：湖北工业大学，2011.

[4] 程皓. 明代胶东半岛的四川移民——以明代掖县为中心[J]. 鲁东大学学报（哲学社会科学版），2010，27(2)：29-32.

[5] 刘凤鸣. 胶东文化的形成和发展[J]. 烟台师范学院学报（哲学社会科学版），2005(1)：11-16.

[6] 郭娜. 明代山东军事移民——以《武职选簿》为中心的考察[D]. 西安：陕西师范大学，2014.

[7] 王玉珉. 小云南迁民释疑[J]. 中国地名，2004(6)：4-6.

[8] 张仲良. 明代山东半岛海防——以登、莱为例[D]. 合肥：安徽大学，2013.

4　宁津地区海草房聚落景观的变迁及保全

4.1　研究目的与方法

4.1.1　研究目的

本章旨在探讨宁津地区海草房聚落景观的变迁状况，通过梳理我国传统建筑及聚落保全制度的发展脉络，考察宁津地区聚落保全的现状，在此基础上，分析我国传统聚落保全体系存在的问题，并探讨相关的保全措施。

4.1.2　研究方法

首先，从地域、村域、聚落三个尺度对宁津地区海草房聚落的景观变化进行实地考察和访谈。其次，通过文献调研，梳理我国传统建筑和聚落保全的相关规定和制度。最后，对比当前宁津地区存在的“传统文化村镇”和“传统村落”两类保全制度，以东楮岛聚落和留村聚落为例，对其保全计划进行比较分析，在此基础上，对目前传统聚落保全制度存在的问题及可行的保全提案进行探讨。

4.2　海草房聚落景观的变化

如前所述，受经济技术的发展、海草资源的短缺、住民居住意识的变化等因素影响，海草房聚落景观因海草房的急剧减少而发生变化。然而，景观的变化不单要考虑建筑，还要考虑其他景观要素和要素之间的空间及内在联系。本章对宁津地区海草房聚落景观特征的变化分尺度进行探讨和梳理。

4.2.1 地域尺度的景观变化

1. 点要素的变化

点要素的变化主要表现为海草房聚落的消失。

2015 年，根据当地规划，该地区最南端的三处聚落（山前聚落、青木寨聚落、西南海聚落）的海草房建筑被拆除，村民搬入指定的新公寓区，传统的海草房聚落不复存在（图 4-1）。原本为躲避风浪侵袭而形成的三处渔业聚落从山坡的阳面高地处被迁移到山脚的海边处，失去了渔村聚落为躲避风浪于近海高地处选址的特征。此外，随着自来水的普及和菜地的减少或消失，对井水、河水的生活、灌溉需水量也随之减少，因此聚落沿河流沿岸分布的选址特征也逐渐消失。

图 4-1 海草房聚落的消失及住民的迁移

2. 线要素的变化

线要素的变化主要表现为聚落附近道路的变化。

私家车流行之前,人们主要的出行方式是步行。当地住民通过狭窄弯曲的人行道实现各个聚落之间的联系与交往。聚落和聚落之间以狭窄弯曲的人行道直接连接,整个区域由宽度和形状相似的道路将各个聚落节点两两相接,形成了均匀的道路网络。20 世纪 90 年代以后,随着私家车的普及,该地区建造了宽阔笔直的主干路。而每处聚落修建一条二级道路与主干路相接,各聚落之间通过“二级道路—主干路—二级道路”的形式相邻(图 4-2),原本的村村直接相连的道路结构消失。宁津地区与周边地域之间都通过宽阔的主干路相互连接,虽通行变得便利,却也失去了原有地域军事防御的战略意义。

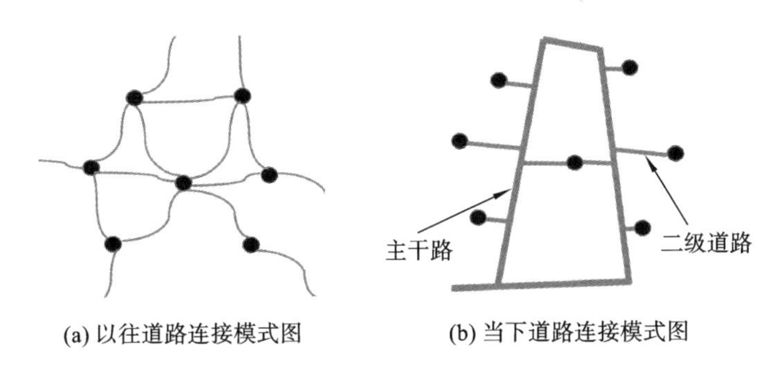

(a) 以往道路连接模式图　(b) 当下道路连接模式图

图 4-2　聚落附近道路连接方式的变化

4.2.2　村域尺度的景观变化

1. 点要素的变化

(1) 墓地的迁移。

该地域各海草房聚落的土地利用分为三层:以人们聚集居住的房屋为中心,向外开垦菜地,再向外围扩展形成谷粮地。显然,在远离房屋的谷粮地上形成的墓地成为聚落边界的标志。

然而,自 2012 年新核电站开工建设以来,中部(小河东、于家、西钱家、徐家、小东耩)和南部(南港头、苑家、东南海、西南海、青木寨、山前)地区几处聚落的墓地已搬迁至指定地域(新墓地 1 号和 2 号)。至此,墓地不再作为聚落边界的标志,传统聚落的空间结构也发生了变化(图 4-3)。

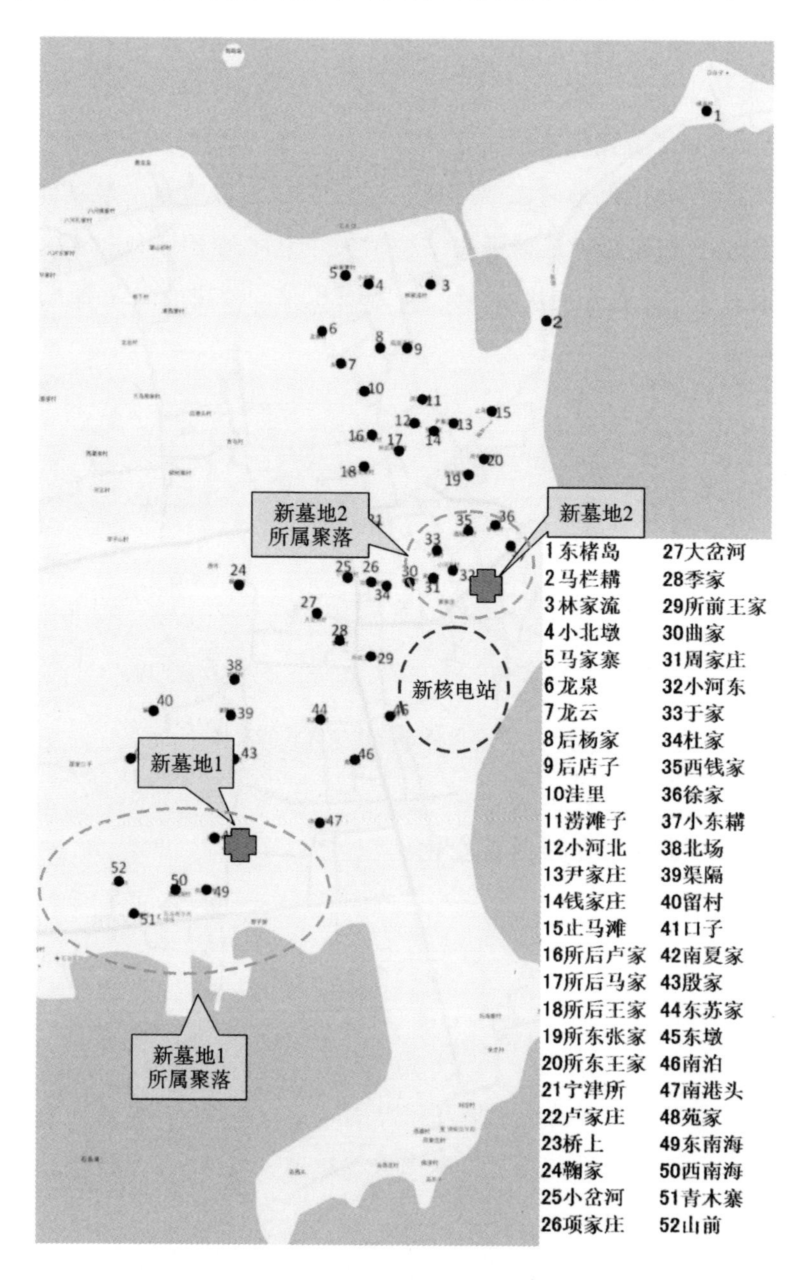

图 4-3　宁津地区海草房聚落墓地位置的移动

(2) 打麦场的废弃与消失。

由于宁津地区地下水位较高,粮食作物的用水几乎全部依赖地下水,形成了粮食作物基本不进行灌溉的粗放型农作方式。因此,花生、玉米、大豆、小麦、红薯等需水量不多的粮食作物,在距住宅很远的耕地上被广泛种植。但在农耕时代,没有现代化的机械作业,所以粮食作物的收获和加工处理主要靠人力劳动来完成,这就需要花费大量时间收获粮食,在距离住宅较远的农田直接进行粮食加工则非常不便。出于这个原因,村民在居住地周边设置了若干"打麦场",作为处理、加工从谷粮地收获的粮食等农产品的场地。

然而,随着农业机械作业的普及,不再需要人工处理粮食作物,打麦场也因失去原有作用而被废弃或改作他用。这样一来,原本作为住宅地与菜地边界标志的传统打麦场的空间结构也发生了变化(图 4-4)。

图 4-4 打麦场的废弃与消失

(3) 水井的废弃。

由于宁津地区地下水位较高,挖井比较容易,因此聚落内水井较多,饮用水主要来自水井。水井周边也被用作洗涤区,经常看到村民们在井台洗衣服时聊天的热闹生活场景。

然而,随着 20 世纪 90 年代以来自来水供水的普及,自来水成为主要的饮用水和生活用水来源,大量水井被废弃,其在传统景观结构当中标志居住区界限的功能也发生了变化,不仅如此,井台周边热闹的生活场景也随着水井的消失而不再重现。

2. 面要素的变化

(1) 作为谷粮地的耕地被大量占用。

前文指出，宁津地区聚落历史产业的特点是，在历史进程中，根据各时代的情况，逐步形成了以军事聚落为基础的具有渔业、农业等不同产业功能的聚落。

自20世纪30年代以来，由于渔业税的增加，渔业收入锐减，从事渔业的人数有所减少，在国家"以粮为纲"政策的影响下，农业发展成为当地的中心产业。20世纪70年代以后，在国家"以渔带农"政策影响下，渔业得到发展，且在90年代成为宁津地区的主要产业。以海带养殖为中心的水产养殖业于20世纪60年代开始产生，20世纪80年代之后发展并兴盛起来。与此同时，农业在居民收入中的占比则越来越少，随着农耕产业的退化及渔业、水产养殖业的快速发展，一些农田被用作海带晾晒场地。此外，该地区的大片农田被占用并规划为建造新核电站的用地。此时，宁津地区海草房聚落的三层同心圆土地利用构造遭到破坏。

(2) 菜地面积的减少和栽培品类的变化。

在20世纪60年代，随着人口的增加和分家观念的盛行，单代人独立居住的小家庭逐渐流行起来，聚落居民户数随之增加，大量新住房为分家后的年轻人所建。结果，原本居住区周围紧挨着的菜地逐渐被占用建房，菜地面积急剧减少。一些聚落房屋周围的菜地形状也由原本的环形变为不连续的块状或带状。此外，由于谷粮地被占用，居民开始在菜地内种植玉米、花生等粮食作物，至此，村域内土地利用的同心圆构造彻底被破坏。

综上所述，房屋建筑群的扩张、菜地面积的减少、谷粮地与菜地功能的混合以及粮田向养殖、建设或工业用地的转变这一系列因素，导致宁津地区海草房聚落的传统三层同心圆空间结构特征不复存在。

4.2.3 聚落尺度的景观变化

1. 点要素的变化

(1) 家庙的消失与重建。

唐代以前,只有武士才能建造家族祠堂作为祭祀先祖的场所,当时的家族祠堂被称为宗庙。唐代之后开始修建私庙,宋代以后称为家庙或祠堂。明清时期,家庙开始流行并被大量兴建。在我国南方地区,祠堂作为处理家族事务的场所发挥着重要作用,而宁津地区的祠堂都被称作家庙,家庙的数量、组织形式和功能也与南方祠堂存在很大差异。调查显示,本书研究的52 处聚落中只有 28 处聚落有家庙。

1966 年 6 月 1 日,《人民日报》发表了关于破“四旧”的社论,指出要消灭几千年来流传下来的思想、文化、礼仪和习俗。从此,一场大规模的文化运动开始兴起,传统思想、文化、礼仪、风俗被取缔,大量建筑、书籍资料遭到毁坏。到 20 世纪 80 年代,宁津地区包括家庙、寺庙在内的几乎所有构筑物都被毁坏,一些在家庙举行的先祖祭祀活动被转移到墓地进行,公共娱乐功能则被村委大院或广场空间所取代。在这种历史背景下,该地区现存的家庙大多是后来重建的,不仅外观发生了变化,家庙的功能也发生了变化。它们不再作为娱乐和处理家庭事务的场所,祭祀祖先的功能也有所减弱。传统意义上通过家庙的选址模式来明确聚落中心性的特征也不复存在。

(2) 传统复合型房屋结构的消失。

在 20 世纪 60 年代之前,大家庭聚居的习俗使复合型大宅院成为主要的建筑形式;20 世纪 60 年代以后,随着分家概念的盛行,小家庭变得更加普遍,单户住宅形式被广泛采用。聚落建筑群的组合方式发生变化,形成了一种新的建筑群组合模式,即在原聚落的外围,单户型住宅沿东西方向成行排列,并由东西向的街道连接,形成新的住宅区,将原有的以胡同连接的旧住宅区包围或取代(图 4-5)。

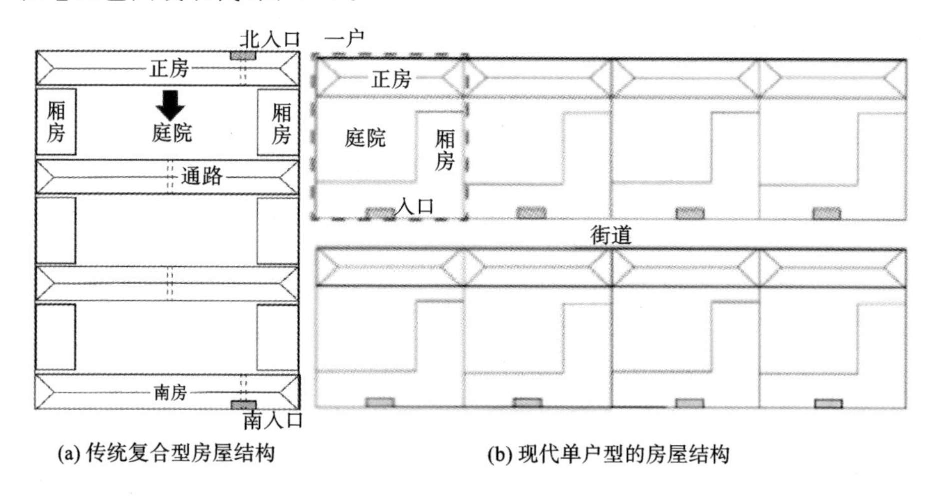

图 4-5　传统复合型房屋结构的消失

2. 线要素的变化

线要素的变化主要表现为阿弥陀型街道(胡同)的消失。

该地区的聚落是由多个同姓家庭毗邻而居形成的,邻近居住的家庭大多有着或远或近的亲缘关系,传统的住宅大院因家族规模扩大从住宅向外扩展,但因各家庭人口规模和经济状况不同,尺度不一的两进院落、三进院落或四进院落错落排列,院落之间以南北向和东西向直线相交的胡同相连接,这样传统住宅区内便形成了狭窄的阿弥陀型街道(胡同)。随着 20 世纪 50 年代以来土地国有化、土地利用规划政策的实施,以及 20 世纪 60 年代后人口的增加,宁津地区聚落的单代独居的单户型房屋建筑呈东西向排布,形成了由东西向笔直道路连接的规则新建住宅区,传统的阿弥陀型街道(胡同)逐渐消失。

像这样,新的东西向笔直内部街道与南北向道路正交,再跟东西向主干道衔接,形成了三个层级的鱼骨状聚落道路构造。原本的东西向主干道单侧或两侧正交连接着狭窄的阿弥陀型胡同道路,胡同则与方形传统复合型大宅院相连接,这种传统道路明确聚落方向的特征已逐渐消失(图 4-6)。

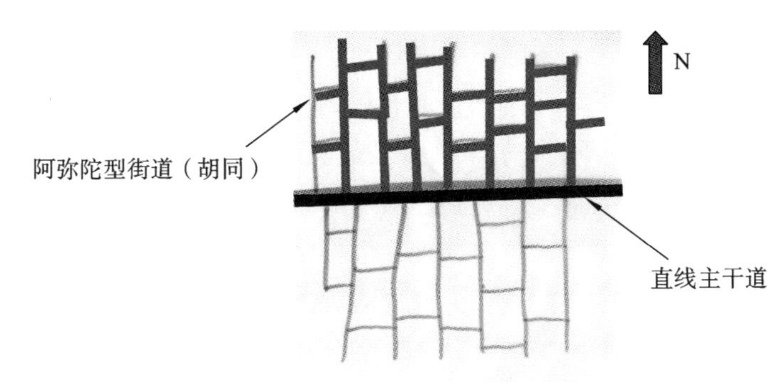

(a) 传统住宅区内部道路构造

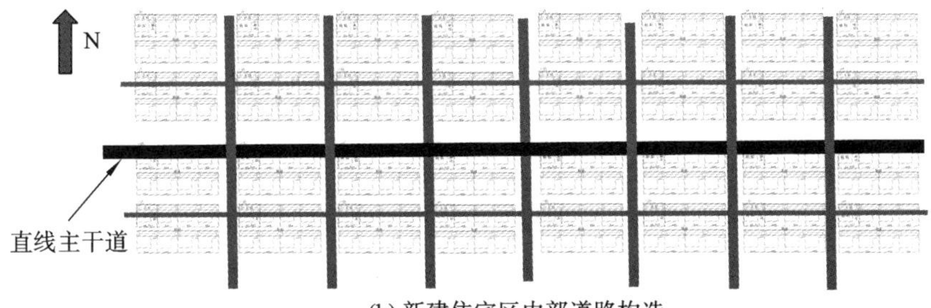

(b) 新建住宅区内部道路构造

图 4-6　阿弥陀型街道(胡同)的消失

4.3　海草房聚落的保全

4.3.1　保全策略

1. 保全政策的历史发展

我国的历史环境保全根据对象不同分为点的保全和面的保全，前者以古董、纪念物为保全对象，后者以历史城市和地区、聚落等为保全对象。在点的保全期中，具体可划分为 1922—1949 年以古物保全为中心的初期保全时期，1950—1965 年以纪念物保全为中心的保全制度形成期，1966 年开始的“文化大革命”背景下的空白期，20 世纪 70 年代中期到 1982 年制定《中华人民共和国文物保护法》(以下简称《文物保护法》)为止的保全恢复期。面的保全期可分为《文物保护法》制定以后至1990年前后的城市保全开始期,以及1990年以后以历史古城保全地域扩大为主的城市保全扩展期(见表4-1、图4-7)。

表4-1 我国历史上环境保全的展开

(表格来源:《都市保全计画》)

时间范围	点的保全期	面的保全期
1922—1949年	初期保全期:古物保全	—
1950—1965年	保全制度形成期:纪念物保全	—
1966—1975年	空白期:“文化大革命”时期历史纪念物被大规模破坏	—
1976—1982年	保全恢复期:“文化大革命”结束的同时文化遗产保全工作恢复	—
1982—1990年	—	城市保全开始期:国家历史文化名城的确定及计划
1990年以后	—	城市保全扩展期:城市内历史文化保护区和省级历史文化名城的设定

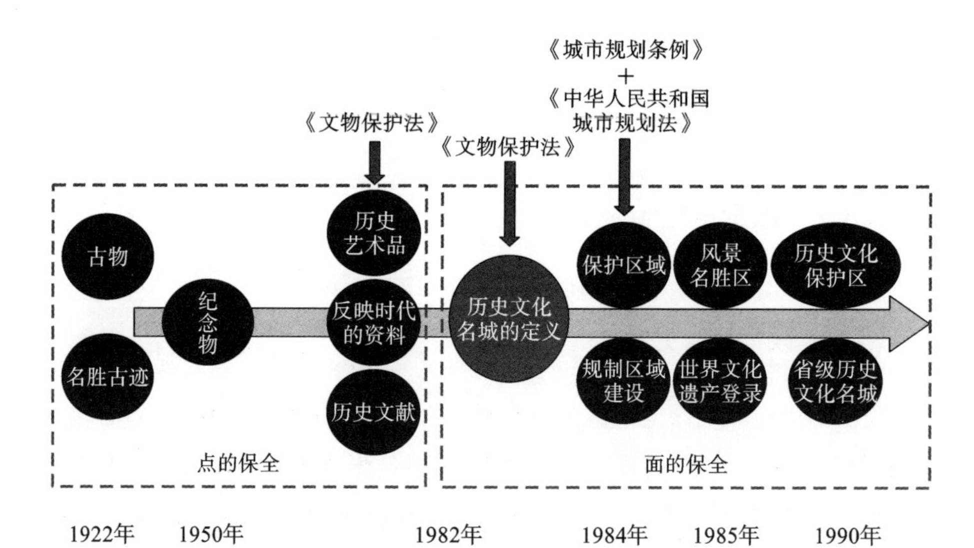

图4-7 我国历史上环境保全工作的展开

(图片来源:《都市保全计画》)

1982年制定的《文物保护法》首次明确将历史文化名城作为保全对象。从这里开始，面的保全措施全面实施。图4-8整理了我国聚落保全措施的开展过程，共分为三个阶段。

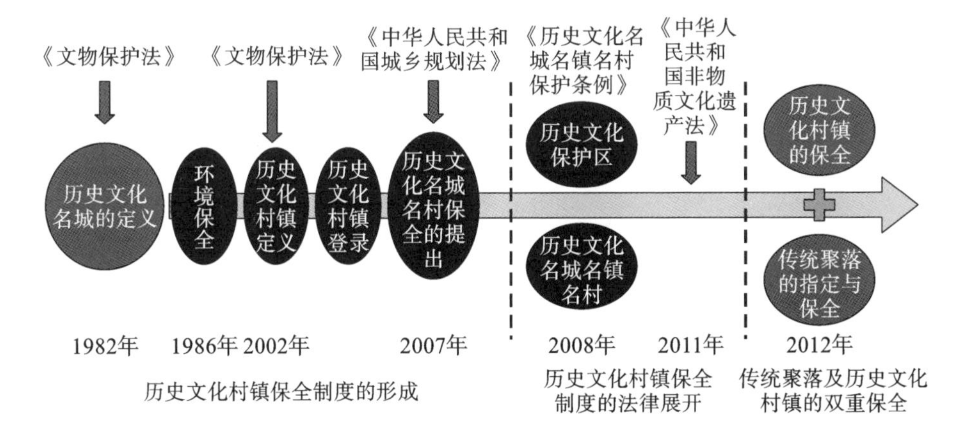

图4-8 我国聚落保全措施的开展过程

(1) 基于《文物保护法》《中华人民共和国城乡规划法》(以下简称《城乡规划法》)的历史文化村镇保全制度的形成阶段(1982—2007年)。

1982年制定的《文物保护法》首次将历史文化名城作为保全对象。1986年，提出聚落保全不仅要保全建筑，还要保全建筑周围的环境。从2002年开始，《文物保护法》定义了历史文化村镇的概念，历史文化村镇保全制度开始实施。此后，历史文化村镇的评价指标也被明确。但是，一直没有制定专门的法律，只能依据《文物保护法》和《城乡规划法》等相关法律和规定来开展保全工作(表4-2)。

表4-2 历史文化村镇保全制度形成阶段的措施

时间	措施	历史意义或影响
1982年	《文物保护法》将历史文化名城的保全纳入保全范围	倡导保全历史文化名村建筑
1986年	发布《国务院批转建设部、文化部关于请公布第二批国家历史文化名城名单报告的通知》	历史文化聚落的保全开始从建筑保全转变为建筑与环境的保全

（续表）

时间	措施	历史意义或影响
2002 年 9 月	《关于全国历史文化名镇（名村）申报评选工作的通知》印发	历史文化名镇名村登录制度启动
2002 年 12 月	《文物保护法》中提出历史文化村镇的概念	通过立法界定历史文化村镇，启动保全制度
2003 年	颁布《中国历史文化名镇（村）评选办法》和《中国历史文化名镇（村）评价指标体系》	明确了历史文化名镇名村的评价指标
2006 年 5 月	公布《第一批国家级非物质文化遗产名录》	文化部门参与聚落保全
2007 年 10 月	将历史文化名城、名镇、名村的保全纳入《城乡规划法》	第一部保全及规划法规的制定

（2）历史文化村镇保全制度的法律展开阶段（2008—2011 年）。

2008 年，制定了《历史文化名城名镇名村保护条例》，形成了历史文化村镇保全体系。随着 2011 年《中华人民共和国非物质文化遗产法》（以下简称《非物质文化遗产法》）的颁布，聚落保全制度将文化保全引入实物保全（表 4-3）。

表 4-3　历史文化村镇保全制度的法律展开

时间	措施	历史意义或影响
2008 年 4 月	《历史文化名城名镇名村保护条例》制定	—
2009 年 1 月	住房城乡建设部、国家旅游局制定《全国特色景观旅游名镇（村）示范导则》及相关考核办法	观光部门落实聚落保全
2011 年 2 月	颁布《非物质文化遗产法》	聚落保全从实物保全转变为包括文化在内的保全
2012 年 11 月	制定《历史文化名城名镇名村保护规划编制要求》	—

(3) 传统聚落和历史文化村镇双重保全阶段(2012 年至今)。

2012 年，随着我国传统聚落普查工作的开始，以及传统聚落登录和指定制度的实施，聚落保全进入传统聚落保全和历史文化村镇保全的双重保全阶段(表 4-4)。

表 4-4　传统聚落保全和历史文化村镇保全的双重保全阶段措施

时间	措施	意义影响
2012 年 4 月	住房城乡建设部、文化部、国家文物局、财政部印发《关于开展传统村落调查的通知》	我国传统聚落研究调查开始，财政部参与聚落保全
2012 年 8 月	编制《传统村落评价认定指标体系(试行)》	—
2012 年 12 月	中共中央、国务院印发《关于加快发展现代农业 进一步增强农村发展活力的若干意见》	记入保全传统聚落有关内容
2014 年 4 月	颁布《关于切实加强中国传统村落保护的指导意见》	传统聚落的具体保全政策实施

2. 目前宁津地区的适用政策

有关海草房的保全从以海草房建筑单体为对象的点的保全，拓展到包括建筑单体、周边要素、技术和文化风俗在内的面的保全(图 4-9)。

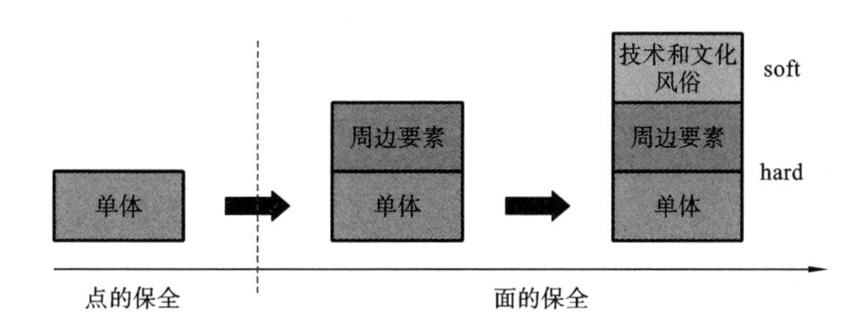

图 4-9　关于海草房保全工作的展开

对宁津地区传统聚落——海草房聚落，实施了历史文化村镇保全制度和传统聚落保全制度的双重保全和规划。该保全措施的展开如图 4-10 所示。

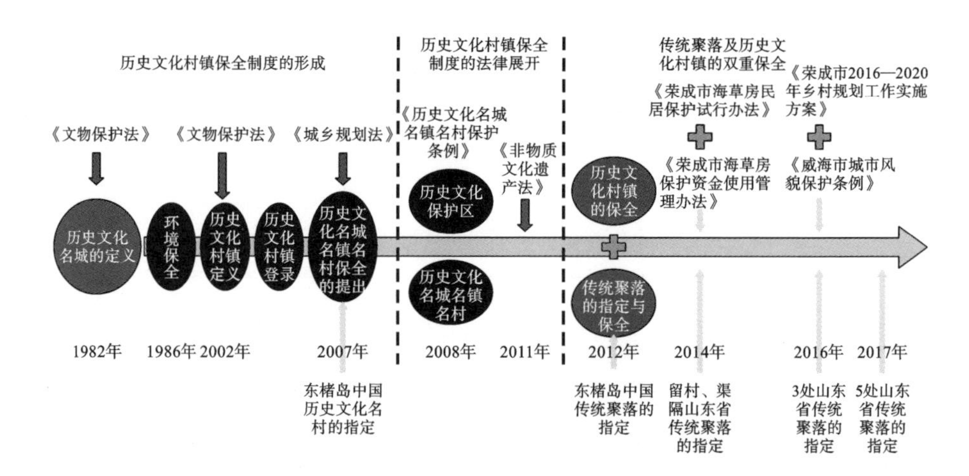

图 4-10　宁津地区海草房保全措施的展开

根据历史文化村镇保全制度和传统聚落保全制度，划定传统聚落，制定了有关指定聚落的法定规划，并实施了相应保全措施。下面对历史文化村镇保全制度和传统聚落保全制度进行比较分析，整理并总结了两者之间的差异(表 4-5)。

表 4-5　历史文化村镇保全与传统聚落保全的制度比较

项目	历史文化村镇保全制度	传统聚落保全制度
行政机关	住房城乡建设部 国家文物局	住房城乡建设部 国家文物局 文化部 财政部
选定评价指标的发布时间	2003 年	2012 年
评价指标	传统建筑	传统建筑 聚落选址及构造 非物质文化遗产
聚落数量	276 处	4153 处
施策状况	制定相关法律、行政法规和法定计划	法定规划和保全项目已落实

4.3.2 保全案例

海草房聚落作为山东省传统聚落，具有珍贵的历史文化和景观价值。进入21世纪，海草房受到了很多人的关注，相关领域的学者发表了很多有关海草房的研究论文。另外，随着许多相关摄影作品和绘画作品的发表，海草房的保全受到广泛关注。但是，当地住民对海草房的保全意识淡薄，并缺乏有效的保全制度。

2006年，海草房苫房技术被列入山东省非物质文化遗产名录。2007年5月31日，东楮岛聚落被评为中国历史文化名村。2012年，宁津地区的海草房聚落开始陆续被列为国家级或省级传统聚落。截至2017年4月，宁津地区共有1处聚落被列为国家级传统聚落，11处聚落被列为山东省省级传统聚落(表4-6)。

表4-6 宁津地区传统聚落指定状况

<table>
<tr><th>聚落</th><th>指定尺度及指定次数</th><th>指定时间</th></tr>
<tr><td>东楮岛</td><td>国家、第1次</td><td>2012年12月</td></tr>
<tr><td>留村</td><td rowspan="2">山东省、第1次</td><td rowspan="2">2014年10月</td></tr>
<tr><td>渠隔</td></tr>
<tr><td>马栏耩</td><td>山东省、第2次</td><td>2015年7月</td></tr>
<tr><td>所后王家</td><td rowspan="3">山东省、第3次</td><td rowspan="3">2016年5月</td></tr>
<tr><td>所后卢家</td></tr>
<tr><td>止马滩</td></tr>
<tr><td>东墩</td><td rowspan="5">山东省、第4次</td><td rowspan="5">2017年4月</td></tr>
<tr><td>林家流</td></tr>
<tr><td>东苏家</td></tr>
<tr><td>口子</td></tr>
<tr><td>北场</td></tr>
</table>

目前，地区政府依据历史文化村镇和传统聚落保全制度，对宁津地区传

统海草房聚落进行了保全和规划。本书以被指定为中国历史文化名村的东楮岛聚落和被指定为传统聚落的留村聚落为例，对它们的聚落保全和规划制度进行了比较研究(图 4-11)。

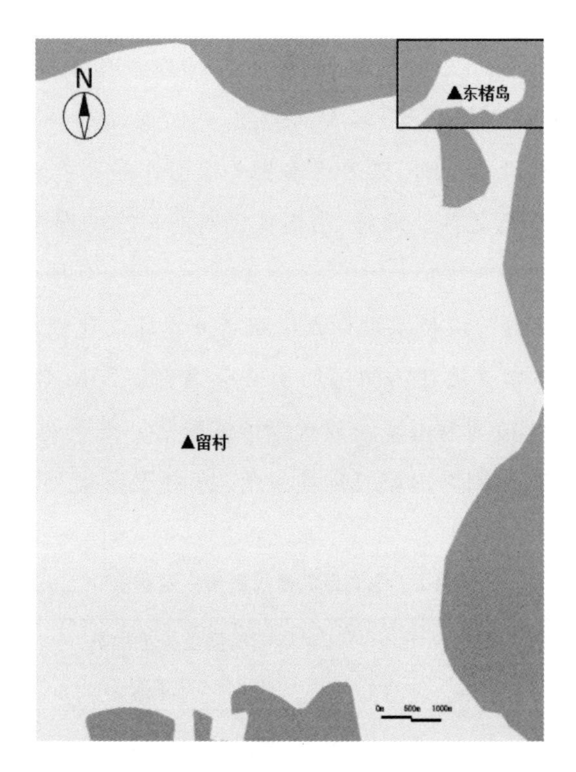

图 4-11　东楮岛聚落及留村聚落位置图

东楮岛聚落自 2007 年被指定为中国历史文化名村后，根据历史文化村镇制度制定了相关规划。虽然该聚落 2012 年也被指定为国家级传统聚落，但因其根据历史文化名村制度制定了完整的保全规划，因此被本书作为历史文化名村保全的案例，而非传统聚落保全案例。

1. 关于研究对象地

(1) 东楮岛聚落——历史文化村镇保全制度实例。

作为历史文化村镇保全制度实例的东楮岛聚落，是明代万历年间在宁津地区东北部的小岛上形成的聚落。本研究开展时面积为 125 公顷，人口为 470 人，158 户。最高气温为 30 ℃，最低气温为－6 ℃。住民们把附近海面漂来的海草铺在屋顶上，建造了海草房，从事渔业生产活动（图 4-12、图 4-13）。现存的海草房建筑（650 间）建造于清代（1636—1911 年）至中华人民共和国成立后。东楮岛聚落于 2007 年 5 月 31 日被指定为中国历史文化名村，此后于 2012 年 12 月 17 日被国家指定为传统聚落。2014 年《荣成市海草房民居保护试行办法》和《荣成市海草房保护资金使用管理办法》的制定，使得东楮岛聚落的保全规划得以实施。

图 4-12　东楮岛聚落景观

（图片来源：《东楮岛历史文化名村保全规划》）

（2）留村聚落——传统聚落保全制度实例。

作为传统聚落保全制度实例的留村是一个山村，形成于元代至元元年（1335 年），位于宁津地区西部的山谷中，西、北、东三面被山包围，南部有池塘，来自山上的两条河流经过聚落中央注入池塘。本研究开展时聚落总面积 224.7 公顷，农业用地面积 140 公顷，住宅用地面积 14.52 公顷，人口 798 人，295 户。住民们把从海边被强风吹上来的海草铺在屋顶上，建造海草房，从事农业生产活动并繁衍生活（图 4-14）。现存的海草房建筑有 116 座，大致位于聚落中部。留村聚落于 2014 年 10 月 16 日被山东省指定为传统聚落。2014 年《荣成市海草房民居保护试行办法》和《荣成市海草房保护资金使用管理办法》的制定，使得留村的保全规划得以施行。

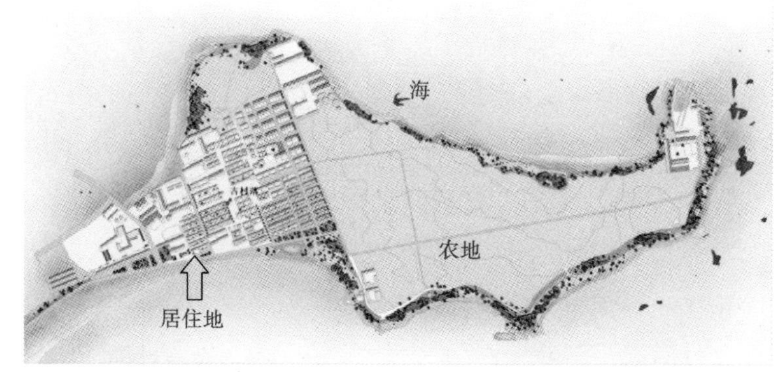

图例
▲ 古树
● 古井

图 4-13　东楮岛聚落概况图

（图片来源：《东楮岛历史文化名村保全规划》）

图 4-14　留村聚落概况图

2. 历史文化村镇与传统聚落保全规划的比较

历史文化村镇与传统聚落保全规划的比较见表4-7。

表4-7 历史文化村镇与传统聚落保全规划的比较

必要的聚落保全内容			东楮岛历史文化名村	留村传统聚落
点的保全	古建筑、古物	房屋	○	○
		庙、寺、桥、墓地	×	○
		庭、门	○	○
		连接石	×	○
		石臼	×	○
	其他要素	古树、古井	○	○
		广场	○	○
		打麦场	×	×
面的保全	地域	中心保全区	○	○
		建设规划地域	○	○
		传统风貌协调区	○	○
	传统城镇风貌	建筑素材	○	○
		建筑色彩	○	○
		建筑大小、高度	○	○
		建筑形式	○	○
	自然	河流等水系	△	○
		山	△	○
		海滩	○	△
		棚田	△	○
	上地利用	农地	○	○
		林地、绿地	○	○
		菜地	×	○
	构造	居住地构造	○	○
		聚落构造	×	○
非遗	传统工艺		○	○

注：○：指定保全对象　×：非指定保全对象　△：聚落不存在要素

(1) 相同性。

关于保全内容,将两者的相同点总结为以下三点。

①保全的分层性。

根据保全对象及重要性,将聚落分为三个层级的地域进行保全。另外,根据建设年代对核心保全区的建筑进行分类保全。

②保全规划的对象。

保全规划的对象包括建筑物、土地利用、自然环境、风俗、产业方式、非物质文化遗产、传统城镇风貌等。

③旅游资源的利用。

提出旅游资源的开发利用,并规划了旅游开发内容。

关于保全的不足之处,将两者的共同点总结为以下两点。

①保全传统建筑材料的措施不足(海草、石头等)。

②执行机构和监督机构的责任不明确,规划书的完成度低。

(2) 差异。

①点的保全。

对庙、寺、桥、墓地等古建筑以及连接石、石臼等古物,针对传统聚落已采取保全措施,但针对历史文化名村尚未采取保全措施。

②面的保全。

历史文化名村只保留了住宅区的结构,而传统聚落则重视并保留了住宅区及聚落的整体结构。

4.4 聚落保全现状

4.4.1 现存制度

迄今为止,共有三部关于聚落保全的法律和法令:《文物保护法》《非物质文化遗产法》和《历史文化名城名镇名村保护条例》(表 4-8)。

表 4-8 聚落保全相关法律、条例

法律、条例	聚落保全相关规定
《文物保护法》	历史文化名城名镇名村被界定和指定为“不可移动文物”,其保全和规划必须向政府申报
《非物质文化遗产法》	定义了“文化财产”并建立了“文化财产登录制度”。对已登录的文化财产的保全措施和非法行为进行了规范
《历史文化名城名镇名村保护条例》	定义了“历史文化名城名镇名村”。规定了登录制度、保全规划、保全细则和法律责任。提倡不仅要保全建筑,还要进行系统保全,即保全传统结构、历史风貌和设施的空间规模

在这些法律法规的基础上,历史文化村镇保全制度和传统聚落保全制度得以实施。然而,在聚落保全方面仍存在许多问题。本书探讨了这些问题和未来的发展方向。

1. 制度落实不充分

在《文物保护法》中,历史文化名城名镇名村被指定为“不可移动文物”。此外,在《历史文化名城名镇名村保护条例》中,提出了既要建筑保全,还要整体保全的方针。虽然在《留村传统聚落规划》中对寺庙、家庙、桥梁、墓地、连接石、石臼等历史文物和聚落建筑进行了保全,但在《东楮岛历史文化名村保全规划》中却没有对这些点要素进行保全,景观保全政策需要在规划制定过程中进行明确。

另外,虽然法律法规规定政府对保全规划的实施以及与聚落保全相关的违法行为负有监管责任,但在实际实施中,存在监管力量薄弱、规划不完善等问题。

2. 制度的修改与完善

(1) 地域尺度:大范围保全相关制度的完善。

宁津地区海草房聚落的景观价值不仅仅存在于聚落本身，而且存在于整个地区具有的独特的景观构造。因此，保全措施不仅应针对聚落本身，还应在地域尺度上制定。海草房聚落保全措施见图 4-15。

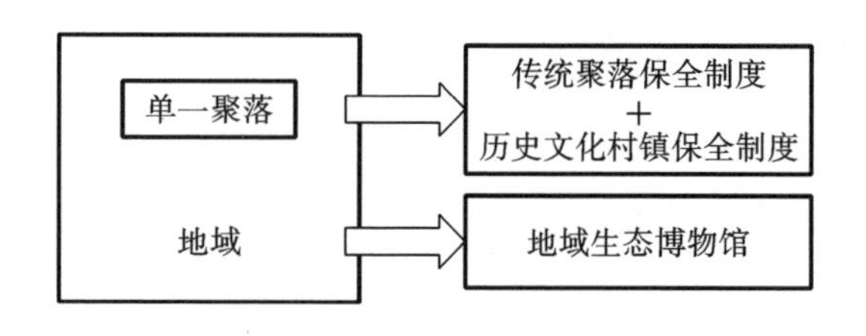

图 4-15　海草房聚落保全措施

传统聚落保全制度和历史文化村镇保全制度是针对单一聚落实施的制度，作为地区一级的保全措施，应考虑在宁津地区建立生态博物馆。地方生态博物馆的展示内容应包括海草房建筑、地方历史文化和习俗、土地利用情况、景观构造和非物质文化遗产，并进行保全。此外，还应重视与当地住民合作，将当地资源转化为旅游资源。

践行特定传统聚落的保全制度和保全具有独特景观价值的地域生态博物馆，二者同时进行被视为聚落保全的有效措施。

(2) 聚落尺度：空间结构上的制度变化。

以往的聚落保全体系主要关注聚落的建筑、文化和环境，但较少考虑聚落的空间结构。在保全如海草房聚落村域尺度的景观特征时，不仅要考虑结构等单一景观要素，还要考虑景观要素之间的相互关系。今后应注重完善聚落保全制度，包括界定景观要素之间关系的准则，并在单个要素与准则之间、保全与利用之间取得平衡。

4.4.2　推进景观保全的必要事宜

(1) 专业人才的培养。

目前，从事海草房聚落保全的专业人员很少，从规划到恢复都缺乏技术支持。此外，能够从保全整个地域和景观要素之间关系的角度出发，制定保全规划的人员也很少。因此，有必要为从事聚落保全相关工作的专业人员制定一个培训体系。不仅要由大学和技校培训新的专业人员，还必须为从事聚落保全工作的人员提供有关继续教育与培训的课程。

(2) 地区资源的有效利用。

发展地域旅游是协调聚落保全与经济发展之间矛盾的有效手段，也有助于保全海草房景观。在这种情况下，必须考虑如何将地方文化景观转化为旅游资源。

(3) 与其他部门的合作。

在聚落景观保全方面，有许多问题是无法通过保全制度和规划来解决的。在推进景观保全的过程中，有必要注重与其他部门的合作。例如，为了保全宁津地区海草房聚落的三层同心圆结构，需要考虑与农业部门合作，以解决菜地和打麦场减少甚至消失的问题。同时还必须考虑与交通部门合作，以应对该地区路网的变化。

4.5 小 结

1982 年颁布的《文物保护法》首次将历史文化名城明确界定为保全对象。从此，地域保全措施形成。这一时期可视为聚落保全制度的形成期。

我国聚落保全制度的完善过程分为三个阶段：以《文物保护法》和《城乡规划法》为基础的历史文化村镇保全制度的形成阶段；历史文化村镇保全制度的法律展开阶段；传统聚落和历史文化村镇的双重保全阶段。海草房的保全也从单纯的海草房建筑的点的保全发展到包括法规、技术和文化习俗在内的面的保全。

目前，历史文化村镇保全制度和传统聚落保全制度是适用于宁津地区的保全制度，后者的保全范围比前者更广。然而，两种制度在该地区的落实力度明显不足。因此有必要与该地区的生态博物馆等机构共同实施保全规划。那么，完善聚落保全制度以及界定景观要素关系的体系，并在单体与整体、保全与利用之间取得平衡，就显得尤为重要。另外，在促进聚落景观保全规划落实的同时，还必须考虑培训专业人员、促进当地自然资源的有效利用以及与其他部门机构合作。

本章参考文献

[1] 西村幸夫.都市保全计画——歴史・文化・自然を活かしたまちづくり[M].东京:东京大学出版会,2004.

[2] 全国人民代表大会常务委员会.中华人民共和国文物保护法[Z].1982.

[3] 全国人民代表大会常务委员会.中华人民共和国城乡规划法[Z].2007.

[4] 全国人民代表大会常务委员会.中华人民共和国非物质文化遗产法[Z].2011.

5 总结

5.1 研究总结

本书研究目的有以下三点。

1. 梳理宁津地区传统聚落的形成脉络

本书从海草房的建筑材料和工艺、建筑形式、形成历史和古文化、分布和保存现状等背景展开研究，考察目标聚落形成时期的历史(军事制度和人口流动)，确定了该地区海草房聚落形成的特点，包括形成脉络、聚落选址和历史功能，并讨论聚落形成脉络的历史因素。研究结果明确了以下几点。

据县史记载，宁津地区的海草房聚落始于元代，明清时期达到鼎盛。根据我国的历史背景，宁津地区的52处聚落形成时期可概括为五个阶段:元代自然形成期、明代早期军事政策背景下的军屯期、明代中期的安定期、明代末期的农屯期和清代地域内部扩散期。研究发现，在中国古代历史进程中，在不同的历史背景下逐渐形成了具有不同产业功能的聚落。

相关资料显示，元代我国北方战乱频发，人们为躲避战乱，迁入偏远的宁津地区，在中南部的河流附近易取水地建造房屋，开始在此定居生活，同时从事农业或渔业生产活动。这些聚落分布在宁津地区的中南部，可看作是为了抵御该地区冬季特有的强烈寒风的适应性对策。后来，根据明代初期的国家政策，政府在宁津中心聚落建立了军事卫所——宁津所，军事人员和军户从外省迁入该地区。根据当时的军事制度，军人在军事卫所从事军事活动，同时在卫所周边地区从事农业生产活动。因此，军事人员及其家属居住在以军事卫所为中心、周围水源丰富的地区。明代中期，战争逐渐减少，与此同时，由于屯田制的削弱和募兵制的普及，军事与农业的关系也逐渐弱化，从周边地区迁往宁津地区的住民分散到较少遭受海浪侵袭的北方，聚集在那里从事渔业生产活动。明代末期，朝鲜半岛爆发战争，宁津地区成为战争的重要物资支援地区，粮食短缺问题严峻。于是国家从西部地区引入外地人口，在该地区从事渔业和农业生产活动，以补给朝鲜战场所需物资。进入清代，随着该地区内部人口的增加，人们往人烟稀少、耕地资源相对丰富的周边地区扩散迁移，从而形成了新的聚落。

2. 明确宁津地区传统聚落的景观特征

本书以聚落的景观构成要素和景观构造的保全为目的，着眼于以聚落为基础的区域全貌，各处聚落的选址、形态、土地利用状况，以及聚落内部构成要素的关系，以山东省荣成市宁津地区的海草房聚落为研究对象，明晰其景观特征（景观构成要素、景观构造）的同时，考察影响其景观特征形成的因素。研究结果明确了以下几点。

宁津地区海草房聚落的景观特征如下。在地域尺度上，具有不同产业功能的多种聚落相互联系且分散布局；聚落房屋呈方形块状密集排列；聚落朝向具有一定的倾向性。在村域尺度上，可以看到聚落多位于北高南低的斜坡上，土地利用呈现以居住地为中心的三层同心圆结构。在聚落尺度上，其居住区空间结构具有中心性薄弱、方向性明确的特征。影响这些景观特征的因素可从三个方面考察：自然和地理因素；居住观念、宗教信仰等社会因素；历史因素。

现将各景观尺度的影响因素概述如下。

1）地域尺度

（1）具有不同产业功能的聚落相互联系且分散分布。

宁津地区位于我国的最东部，北、东、南三面靠海，西部靠山，海上防卫意义显著。另外，宁津地区与西部内陆仅能通过位于山地南北的两条狭窄通道进行联系，易守难攻，具有极其重要的军事战略意义。

在南部的微高地和海浪较弱的北部内海沿岸分散地布局渔业聚落，可以认为是抵御海浪侵袭的对策。宁津地区河流分布广泛，这使得同一姓氏的家庭可以在河流附近取水、建造房屋，并从事农业生产活动。这一点可以理解为农业聚落在宁津地区分散布局的一个原因。

(2) 聚落房屋呈方形块状密集排列。

方形块状的聚落房屋排列形态，是由最初的矩形复合型住宅通过彼此连接、内部分割、向外围扩张等过程逐步形成的。同姓的地域住民集中居住，家族内部保持密切交往的同时，共同生活在一个区域经过世代繁衍而形成聚落。20 世纪 60 年代之前，各家族习惯于多代人共同居住在一起，所以适合多代人大家族居住的复合型房屋成为当时的主要建筑形式。之后随着家族繁衍、家族规模的扩大，房屋从最初的老宅院向外扩张，大小不同的复合型房屋由胡同相连接，形成了阿弥陀型街道形式。

(3) 聚落朝向具有一定的倾向性。

以北部为中心的聚落的民居建筑群大多为东南朝向。选择这种聚落朝向是为了抵御来自西北方向的冬季寒风。

2) 村域尺度

(1) 北高南低的斜坡处选址。

北高南低的斜坡处选址，可以认为是对微地形的巧妙利用，冬季既能防止北风侵袭，又能获得充足光照。

(2) 以居住地为中心的三层同心圆结构。

人们在河流沿岸紧挨住宅区的菜地里种植需水量大的蔬菜，而在远离河流的谷粮地里种植需水量小、费时少的粮食作物。这种农耕方式促使聚落土地利用的三层同心圆结构的形成。

3) 聚落尺度

在胶东半岛地区，受地理位置的影响，虽然当地的聚落几乎都是同姓家族聚居，但宗法制度并不像我国其他地区那样严格。从整个中国来看，战争等因素导致人口流动频繁，北方的宗法礼教意识不如南方明显，宗法和礼教意识较为淡薄，因而聚落虽然存在家庙但中心性薄弱。另外受气候条件的影响，北方冬天的冷风很大，所以房屋都是朝南排列，分流寒风的南北向狭窄胡同和东西方向的主干道正交相接，聚落房屋建筑群的方向性非常明确。

综上所述，强风和海浪将大量海草卷到海滩，当地住民将晒干的海草收集起来，避开容易被海浪侵袭和海水倒灌的海边，而在与海边保持一定安全距离的内陆河流左岸处的近海区选址，建造冬暖夏凉的海草房居住。他们建造水井以满足日常用水需求，建造家庙、山神庙、龙王庙、娘娘庙等信仰空间以祭祀先祖和神灵；在居住地附近水源充足的河边种植蔬菜，而在远离居住地、河水较少的地方种植粮食作物（花生、玉米、小麦、大豆等），世代繁衍生息，形成了宁津地区特有的传统海草房聚落景观。

3. 明确宁津地区聚落保全制度发展过程和存在的问题，探讨今后的保全方法

本书梳理了宁津地区海草房聚落的景观变化状况以及迄今为止对聚落的保护制度，明确了其中对宁津地区的适用点，并探讨了可利用的现有保全制度、应完善和更新的保全制度。其结果总结为以下几点。

1982 年制定并颁布的《文物保护法》，首次将历史文化名城明确界定为保护对象。从此，以地区为基础的保护措施应运而生。这一时期被视为聚落保全制度的形成期。

我国聚落保护体系的展开被概括为三个阶段：以《文物保护法》和《城乡规划法》为基础的历史文化村镇保全体系的形成阶段、历史文化村镇保全体系的法制建设阶段、传统聚落保全和历史文化村镇保全的双重保全阶段。海草房的保全也从海草房建筑的点的保全发展到包括法规、技术和文化习俗在内的面的保全。

目前，历史文化名城名镇名村保全制度和传统聚落保全制度是适用于宁津地区的保全制度，且后者的保护范围比前者更为广泛。但是，这两种保全制度在地区层面的措施还没有得到体现。因此，有必要考虑在宁津地区设立生态博物馆等机构，对整个地区实施广泛的区域性保全措施和制度。

5.2 课题展望

在我国传统聚落的保全方面，很多事情仅靠法律和规定无法得到妥善处理。因此，将经济手段纳入考虑范围，探讨其可行性也很重要。以本书中提到的聚落为例，在保护菜地的同时，结合当地的景观进行品牌推广，通过提高蔬菜价格来激励农耕生产，减少菜地的消失，这也是一种可参考的保护策略。

今后，在本书研究成果的基础上，作者将着眼于探讨可应用到我国传统聚落保全中的旅游及资源开发的有效模式。

附录 A　聚落调查图表

A-1　宁津地区 52 处聚落文化要素调查表

聚落名称	成立年份	规模/户	姓氏数量	家庙				龙王庙	山神庙
				中心型	左右型	角落型	无		
留村	元至元 1335—1340 年	295	2	○					○
西南海	元至正 1341—1367 年	231	单			○			
渠隔	元至正 1341—1367 年	245	单	○					○
曲家	元至正 1341—1367 年	80	2		○				
宁津所	明洪武 1368—1398 年	302	3 以上				○		○
南泊	明洪武 1368—1398 年	75	2		○				
尹家庄	明洪武 1368—1398 年	100	2				○		
钱家庄	明洪武 1368—1398 年	不明	2				○		
所后王家	明建文 1399—1402 年	118	3	○					
洼里	明永乐 1403—1424 年	80	2			○			

（续表）

聚落名称	成立年份	规模/户	姓氏数量	家庙				龙王庙	山神庙
				中心型	左右型	角落型	无		
西钱家	明永乐 1403—1424年	198	单		○				
徐家	明永乐 1403—1424年	201	2		○				
所后马家	明永乐 1403—1424年	100	单				○		
涝滩子	明永乐 1403—1424年	57	3以上				○		
口子	明宣德 1426—1435年	175	3	○					○
所前王家	明天顺 1457—1464年	163	3			○			
小河北	明成化 1465—1487年	不明	不明				○		
马家寨	明成化 1465—1487年	408	2				○	北沿岸部	
后杨家	明正德 1506—1521年	93	2			○			
林家流	明正德 1506—1521年	306	2				○		
所东张家	明嘉靖 1522—1566年	108	单	○					
南港头	明嘉靖 1522—1566年	465	单	○					
东墩	明嘉靖 1522—1566年	467	单	○					

（续表）

聚落名称	成立年份	规模/户	姓氏数量	家庙				龙王庙	山神庙
				中心型	左右型	角落型	无		
所东王家	明隆庆 1567—1572年	124	3			○		外周东北部	
项家庄	明万历 1573—1620年	55	单			○			
于家	明万历 1573—1620年	81	单				○		
东苏家	明万历 1573—1620年	162	单		○				
苑家	明万历 1573—1620年	159	单		○				○
后店子	明万历 1573—1620年	95	2				○		
止马滩	明万历 1573—1620年	83	单				○		
东楮岛	明万历 1573—1620年	158	2				○	外周	
鞠家	明天启 1621—1627年	150	3		○			西部山	○
季家	明天启 1621—1627年	199	2		○				
龙云	明天启 1621—1627年	85	单			○			
马栏耩	明崇祯 1628—1644年	200	单		○			北沿岸部	
殷家	明崇祯 1628—1644年	39	单				○		

（续表）

聚落名称	成立年份	规模/户	姓氏数量	家庙				龙王庙	山神庙
				中心型	左右型	角落型	无		
杜家	明崇祯 1628—1644 年	53	单				○		
卢家庄	清顺治 1644—1661 年	98	单				○		
小河东	清顺治 1644—1661 年	47	2				○		
桥上	清康熙 1662—1722 年	191	单				○		○
北场	清康熙 1662—1722 年	113	单				○		
所后卢家	清康熙 1662—1722 年	101	2	○					
周家庄	清康熙 1662—1722 年	103	单				○		
山前	清康熙 1662—1722 年	260	3				○		○
东南海	清康熙 1662—1722 年	168	2		○				
大岔河	清康熙 1662—1722 年	115	2				○		
南夏家	清雍正 1723—1735 年	190	单		○			西部	○
小岔河	清乾隆 1736—1795 年	77	3			○			
龙泉	清乾隆 1736—1795 年	63	单	○					

（续表）

聚落名称	成立年份	规模/户	姓氏数量	家庙				龙王庙	山神庙
				中心型	左右型	角落型	无		
小北墩	清乾隆 1736—1795 年	不明	2				○		
青木寨	清乾隆 1736—1795 年	131	单				○	南沿岸部	○
小东耩	清末 190？—1911 年	不明	单				○		

A-2　宁津地区 52 处聚落形成期的历史状况调查表

聚落序号	聚落名称	移民来源	形成期	历史职能	姓氏
40	留村	外省	元代	农业	2
50	西南海	不明		渔业	单
39	渠隔	周边		农业	单
30	曲家	周边		农业	2
21	宁津所	不明	明代前期	军事＋农业	3 以上
46	南泊	外省		渔业	2
13	尹家庄	不明		军事＋农业	2
14	钱家庄	不明		军事＋农业	2
18	所后王家	外省		军事＋农业	3
10	洼里	地域内		军事＋农业	2
35	西钱家	外省		军事＋农业	单
36	徐家	外省		军事＋农业	2
17	所后马家	周边		农业	单
11	涝滩子	周边		渔业	3 以上
41	口子	周边	明代中期	农业	3
29	所前王家	地域内		渔业	3
12	小河北	不明		渔业	不明

（续表）

聚落序号	聚落名称	移民来源	形成期	历史职能	姓氏
5	马家寨	不明	明代中期	军事＋渔业	2
8	后杨家	周边		渔业	2
3	林家流	周边		渔业	2
19	所东张家	外省		渔业	单
47	南港头	周边		渔业	单
45	东墩	周边		军事＋渔业	单
20	所东王家	周边		渔业	3
26	项家庄	不明	明代后期	农业	单
33	于家	不明		农业	单
44	东苏家	外省		农业	单
48	苑家	外省		渔业	单
9	后店子	地域内		渔业	2
15	止马滩	地域内		渔业	单
1	东楮岛	地域内		渔业	2
24	鞠家	周边		渔业	3
28	季家	不明		农业	2
7	龙云	外省		农业	单
2	马栏耩	周边		军事＋渔业	单
43	殷家	周边		农业	单
34	杜家	不明		农业	单
22	卢家庄	地域内	清代	农业	单
32	小河东	不明		农业	2
23	桥上	地域内		农业	单
38	北场	地域内		农业	单
16	所后卢家	地域内		农业	2
31	周家庄	周边		农业	单
52	山前	地域内		渔业	3
49	东南海	不明		渔业	2
27	大岔河	地域内		农业	2

（续表）

聚落序号	聚落名称	移民来源	形成期	历史职能	姓氏
42	南夏家	周边	清代	农业	单
25	小岔河	不明		农业	3
6	龙泉	周边		渔业	单
4	小北墩	不明		军事＋渔业	2
51	青木寨	地域内		军事＋渔业	单
37	小东耩	地域内		渔业	单

A-3　聚落景观要素调研表

聚落序号	聚落名称	户数	与海的关系			与河流的关系		聚落地势	聚落朝向
			距离/m	沙滩有无	海的可视性	近接河川的有无	位置关系		
1	东楮岛	158	25	○	○			东高西低	东南
2	马栏耩	200	100	○	○			南北高中部低	南
3	林家流	306	200	○	○			西高东低	东南
4	小北墩	不明	900	○	○	○	右岸	南高北低	东南
5	马家寨	408	250	○	○	○	左岸	南高北低	东南
6	龙泉	63	1100	○	○	○	左岸	南高北低	东南
7	龙云	85	1600			○	左岸	西高东低	东南
8	后杨家	93	800	○	○	○	左岸	西北高东南低	东南
9	后店子	95	600	○	○	○	左岸	西北高东南低	东南
10	洼里	80	1300	○	○	○	左岸	西高东低	东南
11	涝滩子	57	700	○	○	○	左岸	西北高东南低	东南
12	小河北	不明	1000	○	○	○	左岸	西北高东南低	东南
13	尹家庄	100	700	○	○	○	右岸	南高北低	东南
14	钱家庄	不明	900	○	○	○	右岸	南高北低	东南
15	止马滩	83	250	○	○			西高东低	东南
16	所后卢家	101	1500			○	左岸	西北高东南低	东南

（续表）

聚落序号	聚落名称	户数	与海的关系			与河流的关系		聚落地势	聚落朝向
			距离/m	沙滩有无	海的可视性	近接河川的有无	位置关系		
17	所后马家	100	1300			○	左岸	东高西低	东南
18	所后王家	118	1800			○	左岸	西北高东南低	东南
19	所东张家	108	1100	○	○			西北高东南低	东南
20	所东王家	124	800	○	○			西北高东南低	东南
21	宁津所	302	2400	○	○	○	左岸	北高南低	东南
22	卢家庄	98	3100			○	左岸	北高南低	东南
23	桥上	191	3400			○	左岸	北高南低	东南、南、西南
24	鞠家	150	3000			○	左岸	西北高东南低	西南
25	小岔河	77	2600			○	左岸	北高南低	东南
26	项家庄	55	2300			○	左岸	北高南低	东南
27	大岔河	115	2700			○	左岸	西北高东南低	西南
28	季家	199	2300			○	左岸	北高南低	西南
29	所前王家	163	1800			○	左岸	北高南低	西南
30	曲家	80	1800			○	左岸	西北高东南低	东南
31	周家庄	103	1700	○		○	左岸	西北高东南低	东南
32	小河东	47	1600	○		○	左岸	西北高东南低	东南
33	于家	81	1900	○		○	左岸	西北高东南低	东南
34	杜家	53	2100			○	左岸	北高南低	东南
35	西钱家	198	1200	○		○	左岸	西北高东南低	东南
36	徐家	201	900	○		○	左岸	西北高东南低	东南
37	小东耩	不明	800	○		○	右岸	南高北低	南
38	北场	113	2500			○	左岸	西北高东南低	东南
39	渠隔	245	2700			○	村内流过	西北高东南低	西南、南

（续表）

聚落序号	聚落名称	户数	与海的关系			与河流的关系		聚落地势	聚落朝向
			距离/m	沙滩有无	海的可视性	近接河川的有无	位置关系		
40	留村	295	3000			○	河流汇聚处	北高南低	东南
41	口子	175	2400			○	河流汇聚处	西高东低	西南、南
42	南夏家	190	2000			○	左岸	西北高东南低	西南
43	殷家	39	2100					北高南低	东南
44	东苏家	162	2300			○	左岸	西北高东南低	东南、南
45	东墩	467	300	○	○	○	左岸	西高东低	东南
46	南泊	75	1000	○		○	河流汇聚处	北高南低	东南
47	南港头	465	800	○	○	○	左岸	北高南低	西南、南
48	苑家	159	1100	○	○	○	右岸	西高东低	西南
49	东南海	168	500	○	○			北高南低	西南、南
50	西南海	231	600	○	○	○	左岸	西北高东南低	南
51	青木寨	131	400	○	○	○	左岸	北高南低	南
52	山前	260	600	○	○	○	右岸	西北高东南低	东南

A-4　荣成市自然灾害统计明细表

年份	自然灾害发生频次								
	水灾	旱灾	风灾	冰雹	虫害	冻灾	雪灾	海啸	地震
379—1735 年	22	5	6	3	5			2	1
1739 年（乾隆四年）	1	1							
1747 年	1		1						

（续表）

年份	自然灾害发生频次								
	水灾	旱灾	风灾	冰雹	虫害	冻灾	雪灾	海啸	地震
1748 年					1				
1749 年			1						
1751 年	1			1					
1761 年	1					1	1		
1766 年			1						
1771 年			1						
1773 年	1								
1774 年			1						
1775 年		1							
1783 年		1							
1786 年			1						
1788 年	1								
1794 年		1							
1795 年		1	1		1	1			
1799 年(嘉庆四年)		1							
1801 年		1							
1806 年	1								
1810 年	1		1						
1811 年	1			1					
1821 年	1	1							
1824 年		1							
1833 年	1	1							
1835 年	1								
1838 年					1				
1839 年	1								
1852 年			1						

（续表）

年份	自然灾害发生频次								
	水灾	旱灾	风灾	冰雹	虫害	冻灾	雪灾	海啸	地震
1853年(咸丰三年)			1						
1873年		1			1				
1879年			1						
1881年	1								
1899年					1				
1914年(民国三年)				1					
1921年	1								
1926年			1						
1928年				1					
1935年					1				
1936年	1				1				
1939年		1							
1942年	1				1				
1949年		1	1					1	
1950年		1							
1951年				1					
1953年	1		1						
1955年		1							
1956年	1		1						
1958年		1							
1959年	1		1						
1960年	1		1						
1963年	1	1							
1964年	1								
1965年	1								
1966年	1		1						

（续表）

年份	自然灾害发生频次								
	水灾	旱灾	风灾	冰雹	虫害	冻灾	雪灾	海啸	地震
1969 年			1	1					
1971 年			1			1			
1972 年	1		1					1	
1973 年	1	1	1	1					
1974 年	1	1	1	1					
1975 年	1		1	1					
1976 年	1		7	1	1				
1977 年	1								
1978 年	1	1							
1979 年			2			1			
1980 年		1							
1981 年		1	1					1	
1982 年		1	1	2					
1983 年			1	1					
1984 年	1		1				1		
1985 年	1		1						
1986 年	1		1	1	1				
1987 年	1		3						
1988 年	1	1	1						
1989 年		1							
1990 年			1						
1992 年			1						
1993 年	1		1	1					
1994 年	1		1						
总计	61	30	53	18	15	4	2	5	1

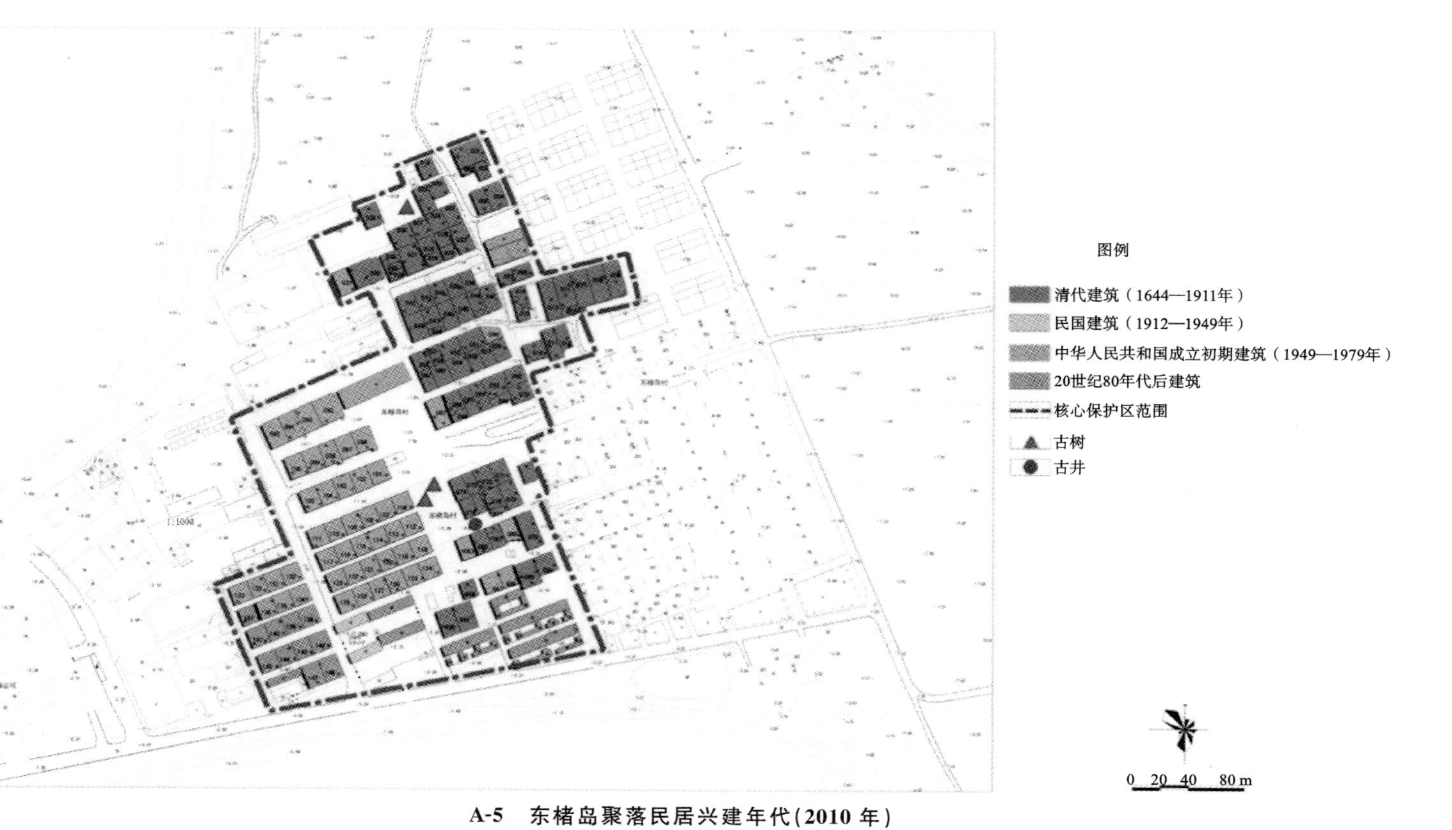

A-5　东楮岛聚落民居兴建年代(2010 年)

(来源:《东楮岛历史文化名村保全规划》)

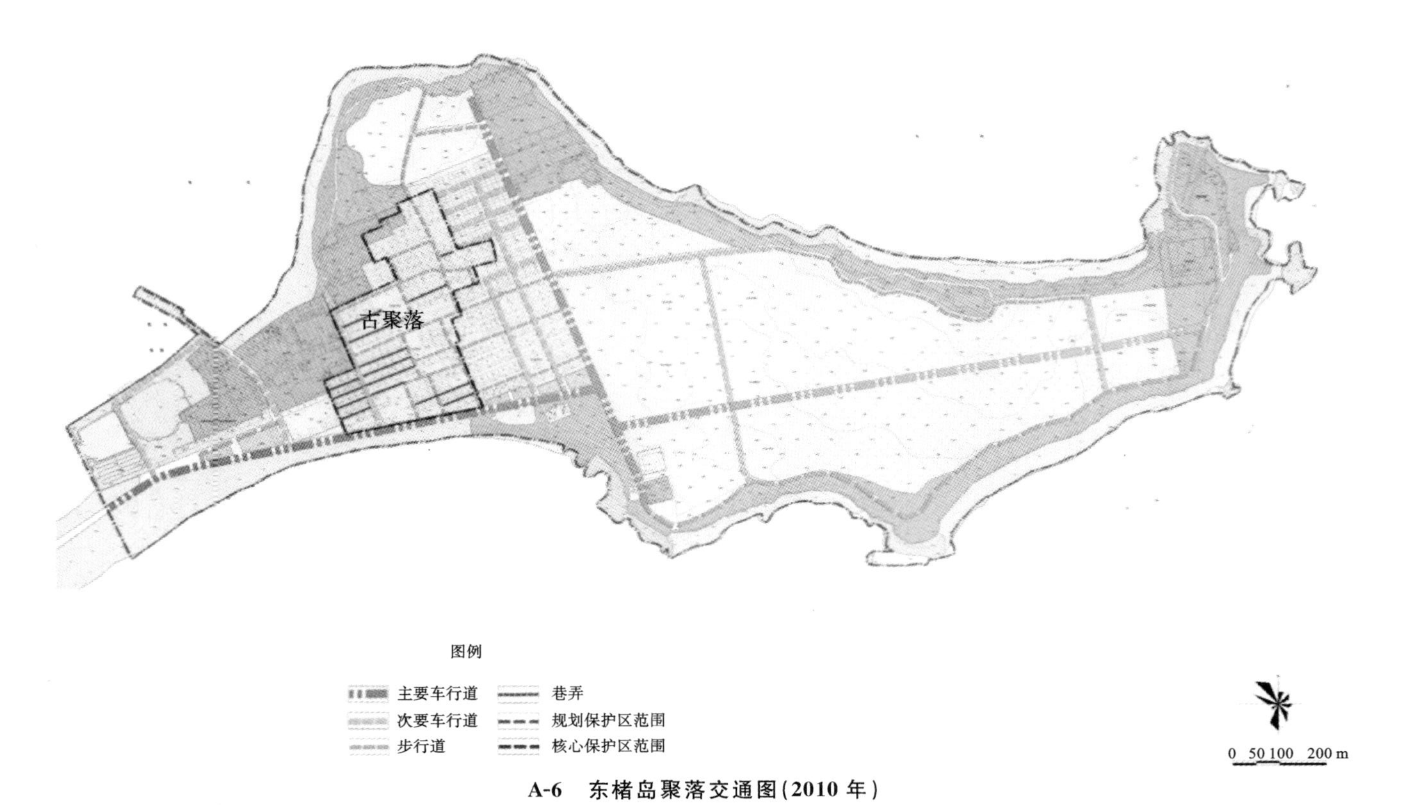

A-6 东楮岛聚落交通图(2010 年)

(来源:《东楮岛历史文化名村保全规划》)

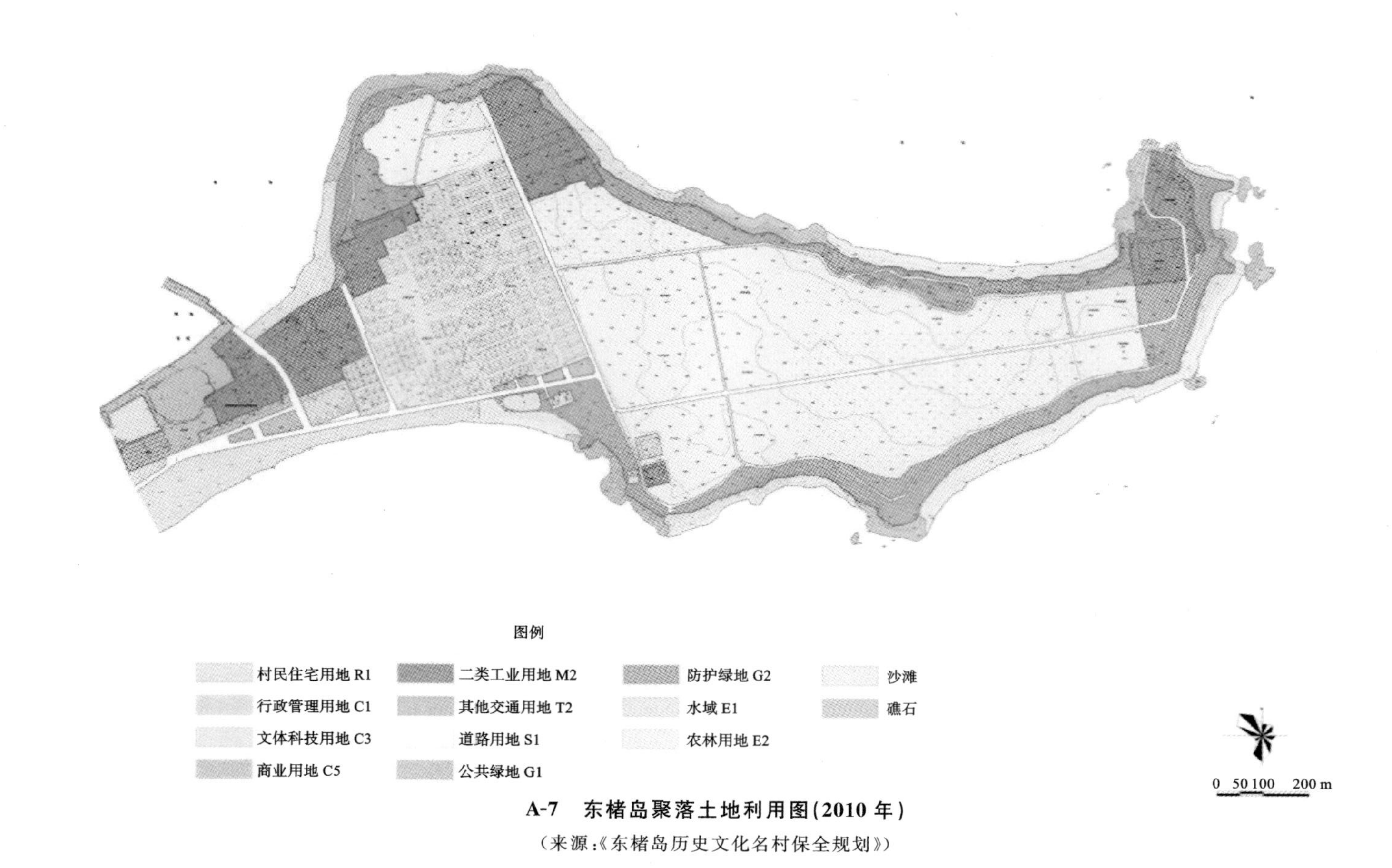

A-7　东楮岛聚落土地利用图(2010年)

(来源:《东楮岛历史文化名村保全规划》)

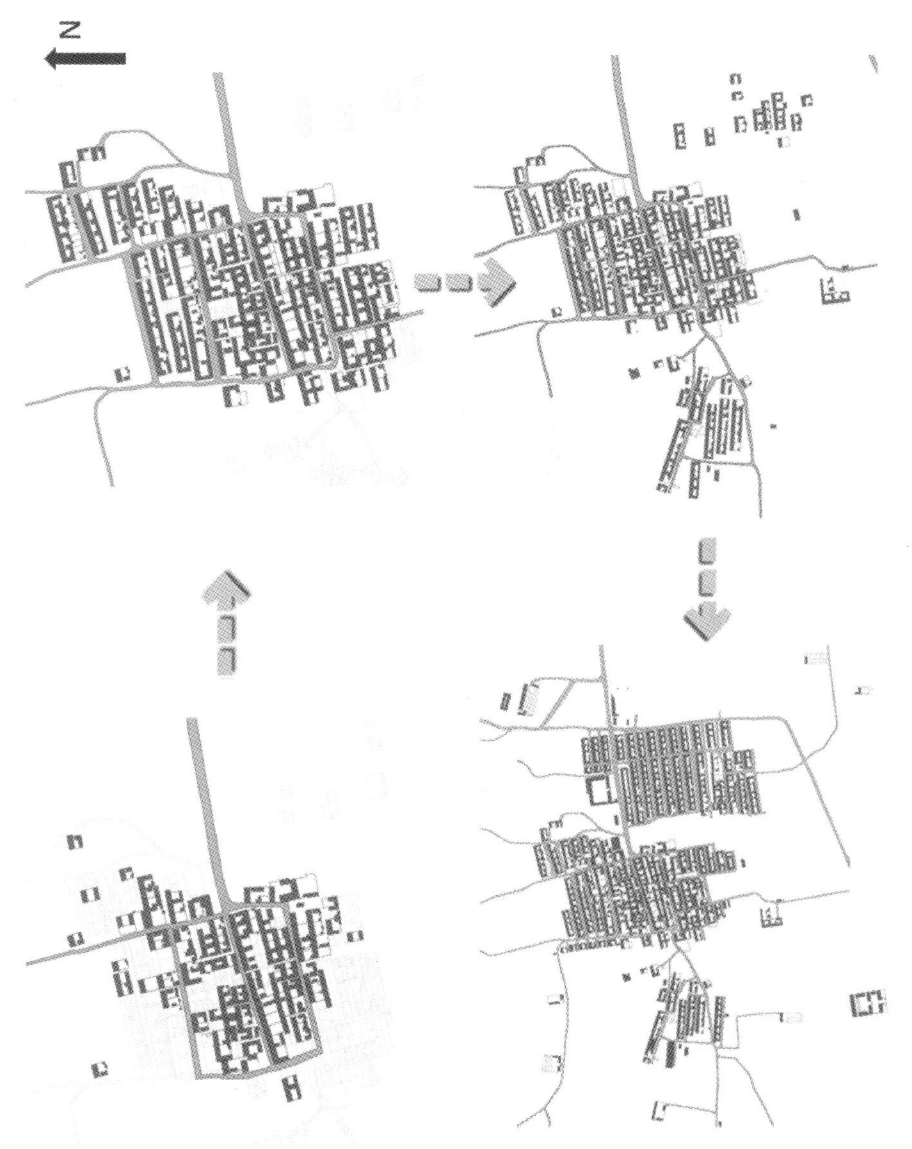

A-8　留村聚落土地利用图(2013年)

(来源:《留村传统聚落规划》)

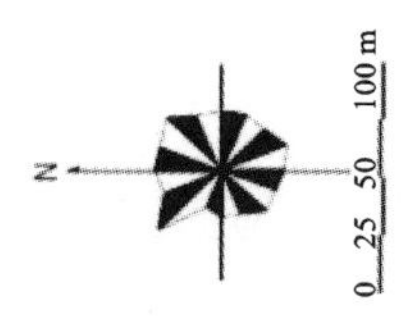

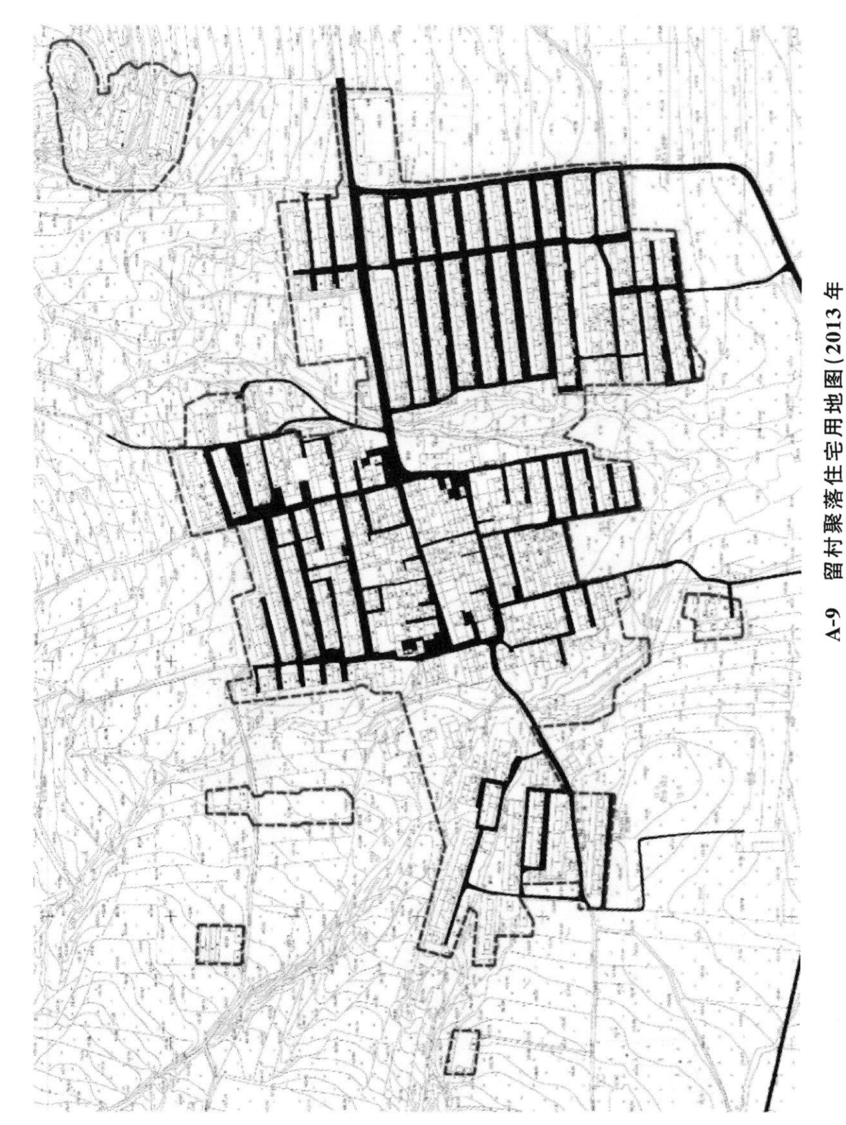

A-9 留村聚落住宅用地图(2013年

(来源:《留村传统聚落规划》)

附录 B　聚落形态、景观要素、街景

No.	1	聚落名称	东楮岛	图	聚落形态、景观要素、街景

航拍图采集时间:2010 年 5 月 9 日

聚落形态与景观要素

●(圆形符号)	土地庙
▲(三角形符号)	水井
▬(深色条形符号)	主干道
▭(白色矩形框符号)	聚落旧住宅区范围
★(星形符号)	家庙

①

②

③

街景
2012 年 8 月 23 日摄

创建年代	聚落地势	户数	家庙				水井			道路		聚落朝向
			无	中心型	左右型	角落型	内部型	边缘型	无	主干道形状	南北向胡同	
明万历 1573—1620 年	东高西低	158	○				○			T 形	×	东南

No.	2	聚落名称	马栏耩	图	聚落形态、景观要素

航拍图采集时间:2010 年 5 月 9 日

聚落形态与景观要素

●	土地庙
▲	水井
▬	主干道
▭	聚落旧住宅区范围
★	家庙

创建年代	聚落地势	户数	家庙				水井			道路		聚落朝向
			无	中心型	左右型	角落型	内部型	边缘型	无	主干道形状	南北向胡同	
明崇祯 1628—1644 年	南北高 中部低	200			○			○		一字形	×	南

No.	3	聚落名称	林家流	图	聚落形态、景观要素

航拍图采集时间:2010 年 5 月 9 日

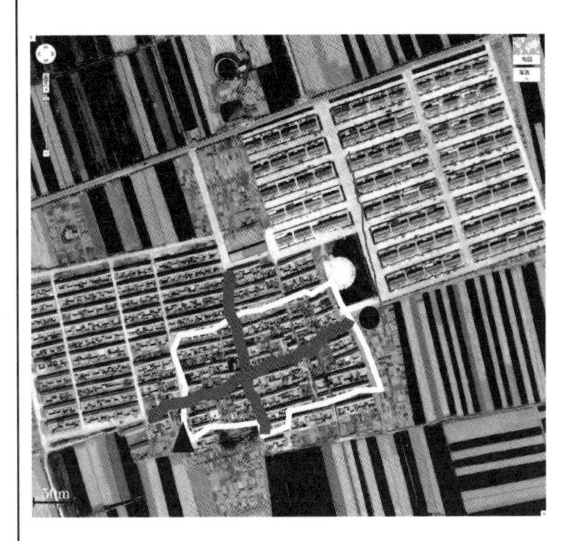

聚落形态与景观要素

●	土地庙
▲	水井
▬	主干道
□	聚落旧住宅区范围
★	家庙

创建年代	聚落地势	户数	家庙				水井			道路		聚落朝向
			无	中心型	左右型	角落型	内部型	边缘型	无	主干道形状	南北向胡同	
明正德 1506—1521 年	西高东低	306	○					○		十字形	×	东南

No.	4	聚落名称	小北墩	图	聚落形态、景观要素、街景

航拍图采集时间:2010 年 5 月 9 日

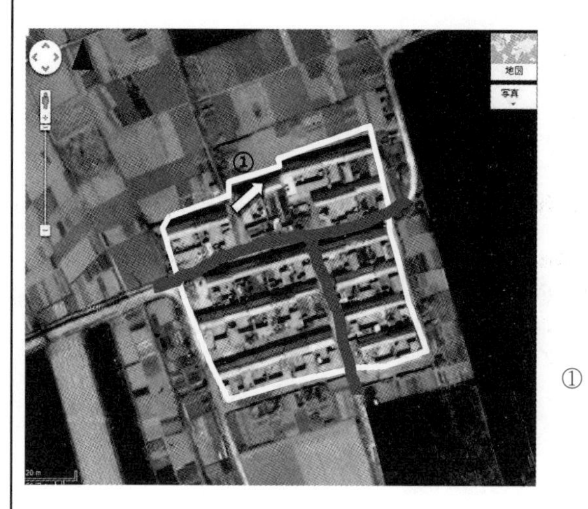

聚落形态与景观要素

① 

街景
2012 年 12 月 28 日拍摄

●	土地庙
▲	水井
▬	主干道
▭	聚落旧住宅区范围
★	家庙

创建年代	聚落地势	户数	家庙				水井			道路		聚落朝向
			无	中心型	左右型	角落型	内部型	边缘型	无	主干道形状	南北向胡同	
清乾隆 1736—1795 年	南高北低	不明	○						○	T 形	×	东南

No.	5	聚落名称	马家寨	图	聚落形态、景观要素、街景

航拍图采集时间:2010年5月9日

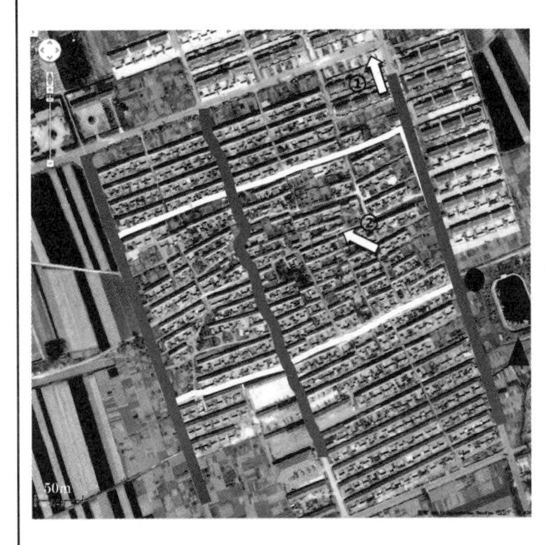

聚落形态与景观要素

①

②

街景

2012年12月28日拍摄

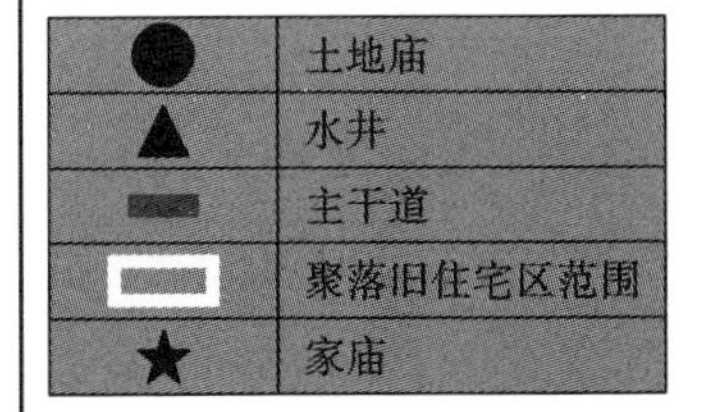

创建年代	聚落地势	户数	家庙				水井			道路		聚落朝向
			无	中心型	左右型	角落型	内部型	边缘型	无	主干道形状	南北向胡同	
明成化 1465—1487年	南高北低	408	○					○		聚落贯通型	×	东南

No.	6	聚落名称	龙泉	图	聚落形态、景观要素、街景

航拍图采集时间:2010 年 5 月 9 日

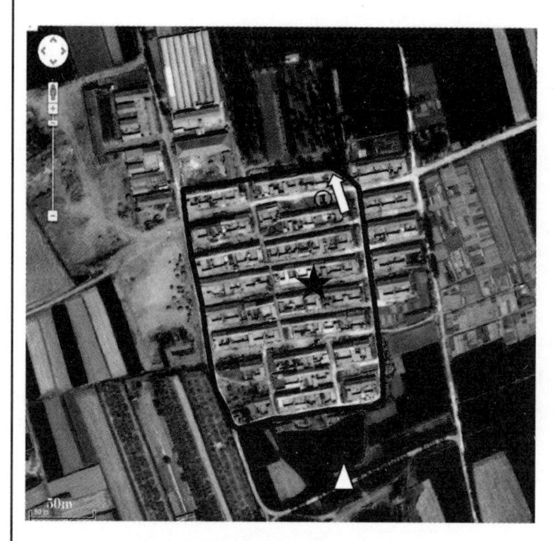

聚落形态与景观要素

①

街景

2012 年 12 月 28 日拍摄

●	土地庙
△	水井
▬	主干道
▭	聚落旧住宅区范围
★	家庙

创建年代	聚落地势	户数	家庙				水井			道路		聚落朝向
			无	中心型	左右型	角落型	内部型	边缘型	无	主干道形状	南北向胡同	
清乾隆 1736—1795 年	南高北低	63		○				○			×	东南

No.	7	聚落名称	龙云	图	聚落形态、景观要素

航拍图采集时间:2010 年 5 月 9 日

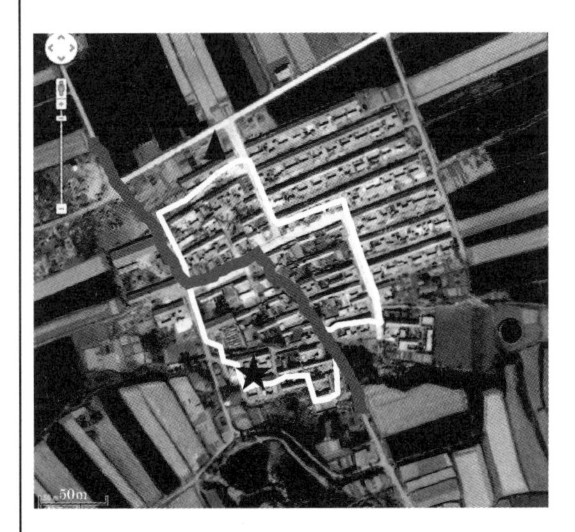

聚落形态与景观要素

●	土地庙
▲	水井
▬	主干道
▭	聚落旧住宅区范围
★	家庙

创建年代	聚落地势	户数	家庙				水井			道路		聚落朝向
			无	中心型	左右型	角落型	内部型	边缘型	无	主干道形状	南北向胡同	
明天启 1621—1627 年	西高 东低	85				○		○		Z 形	×	东南

No.	8	聚落名称	后杨家	图	聚落形态、景观要素

航拍图采集时间：2010 年 5 月 9 日

聚落形态与景观要素

●	土地庙
▲	水井
▬	主干道
▭	聚落旧住宅区范围
★	家庙

创建年代	聚落地势	户数	家庙				水井			道路		聚落朝向
			无	中心型	左右型	角落型	内部型	边缘型	无	主干道形状	南北向胡同	
明正德 1506—1521 年	西北高 东南低	93				○		○		聚落贯通型	×	东南

No.	9	聚落名称	后店子	图	聚落形态、景观要素、街景

航拍图采集时间:2010 年 5 月 9 日

聚落形态与景观要素

①

街景

2012 年 12 月 28 日拍摄

●	土地庙
▲	水井
▬	主干道
▭	聚落旧住宅区范围
★	家庙

创建年代	聚落地势	户数	家庙				水井			道路		聚落朝向
			无	中心型	左右型	角落型	内部型	边缘型	无	主干道形状	南北向胡同	
明万历 1573—1620 年	西北高 东南低	95	○					○		聚落贯通型	×	东南

No.	10	聚落名称	洼里	图	聚落形态、景观要素、街景

航拍图采集时间:2010 年 5 月 9 日

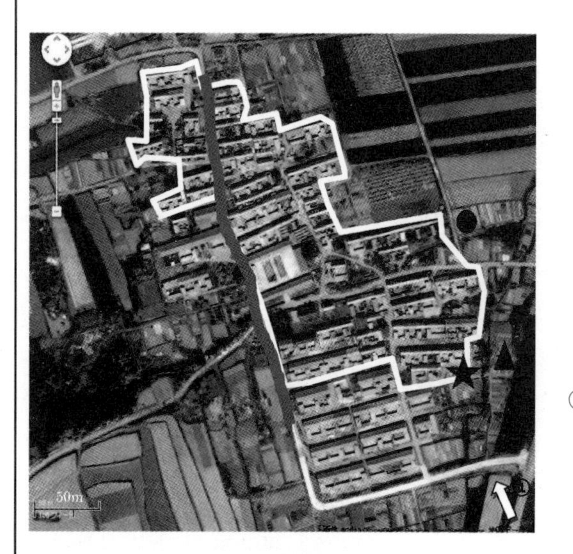

聚落形态与景观要素

①

街景

2012 年 12 月 28 日拍摄

●	土地庙
▲	水井
▬	主干道
▭	聚落旧住宅区范围
★	家庙

创建年代	聚落地势	户数	家庙				水井			道路		聚落朝向
			无	中心型	左右型	角落型	内部型	边缘型	无	主干道形状	南北向胡同	
明永乐 1403—1424 年	西高东低	80				○		○		聚落贯通型	×	东南

No.	11	聚落名称	涝滩子	图	聚落形态、景观要素

航拍图采集时间:2010 年 5 月 9 日

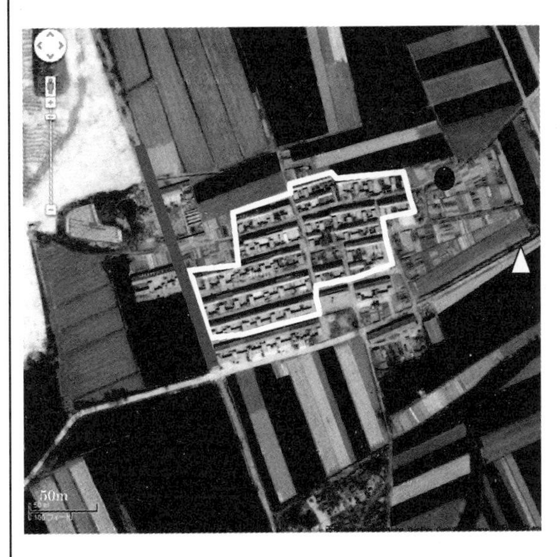

聚落形态与景观要素

●	土地庙
△	水井
▬	主干道
▭	聚落旧住宅区范围
★	家庙

创建年代	聚落地势	户数	家庙				水井			道路		聚落朝向
			无	中心型	左右型	角落型	内部型	边缘型	无	主干道形状	南北向胡同	
明永乐 1403—1424 年	西北高 东南低	57	○					○		一字形	×	东南

No.	12	聚落名称	小河北	图	聚落形态、景观要素

航拍图采集时间:2010 年 5 月 9 日

聚落形态与景观要素

●	土地庙
▲	水井
▬	主干道
▭	聚落旧住宅区范围
★	家庙

创建年代	聚落地势	户数	家庙				水井			道路		聚落朝向
			无	中心型	左右型	角落型	内部型	边缘型	无	主干道形状	南北向胡同	
明成化 1465—1487 年	西北高 东南低	不明	○						○		×	东南

No.	13	聚落名称	尹家庄	图	聚落形态、景观要素、街景

航拍图采集时间:2010 年 5 月 9 日

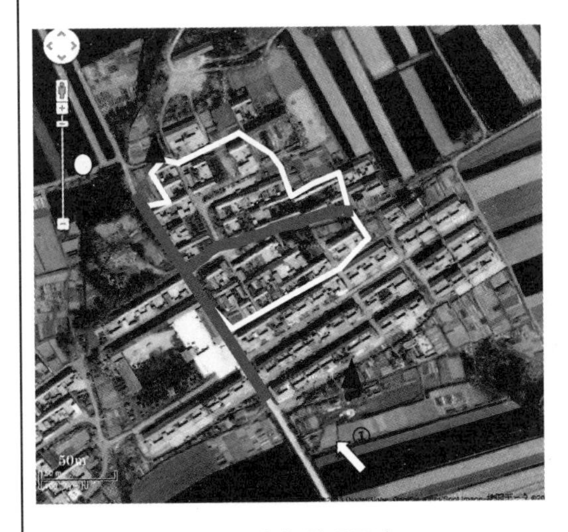

聚落形态与景观要素

①

街景

2012 年 12 月 28 日拍摄

○	土地庙
▲	水井
▬	主干道
▭	聚落旧住宅区范围
★	家庙

创建年代	聚落地势	户数	家庙				水井			道路		聚落朝向
			无	中心型	左右型	角落型	内部型	边缘型	无	主干道形状	南北向胡同	
明洪武 1368—1398 年	南高北低	100	○					○		T 形	×	东南

No.	14	聚落名称	钱家庄	图	聚落形态、景观要素、街景

航拍图采集时间：2010 年 5 月 9 日

聚落形态与景观要素

①

②

街景

2012 年 12 月 28 日拍摄

○	土地庙
▲	水井
▬	主干道
▭	聚落旧住宅区范围
★	家庙

创建年代	聚落地势	户数	家庙				水井			道路		聚落朝向
			无	中心型	左右型	角落型	内部型	边缘型	无	主干道形状	南北向胡同	
明洪武 1368—1398 年	南高北低	不明	○					○		聚落贯通型	×	东南

No.	15	聚落名称	止马滩	图	聚落形态、景观要素

航拍图采集时间:2010 年 5 月 9 日

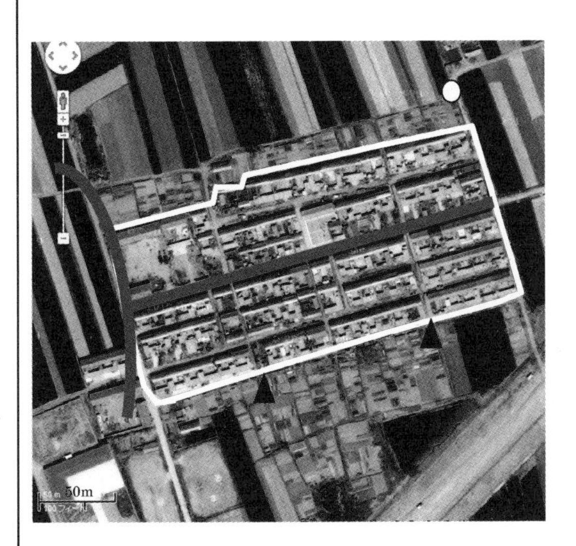

聚落形态与景观要素

○	土地庙
▲	水井
▬	主干道
□	聚落旧住宅区范围
★	家庙

创建年代	聚落地势	户数	家庙				水井			道路		聚落朝向
			无	中心型	左右型	角落型	内部型	边缘型	无	主干道形状	南北向胡同	
明万历 1573—1620 年	西高东低	83	○					○		T 形	×	东南

No.	16	聚落名称	所后卢家	图	聚落形态、景观要素

航拍图采集时间:2010 年 5 月 9 日

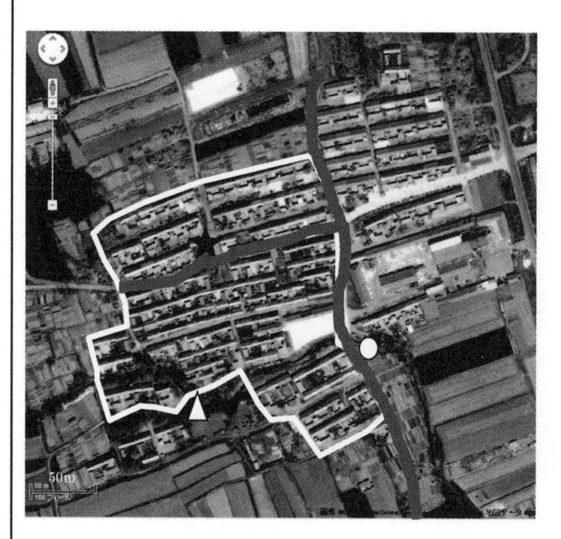

聚落形态与景观要素

○	土地庙
△	水井
▬	主干道
▭	聚落旧住宅区范围
★	家庙

创建年代	聚落地势	户数	家庙				水井			道路		聚落朝向
			无	中心型	左右型	角落型	内部型	边缘型	无	主干道形状	南北向胡同	
清康熙 1662—1722 年	西北高 东南低	101		○				○		T 形	×	东南

No.	17	聚落名称	所后马家	图	聚落形态、景观要素

航拍图采集时间:2010 年 5 月 9 日

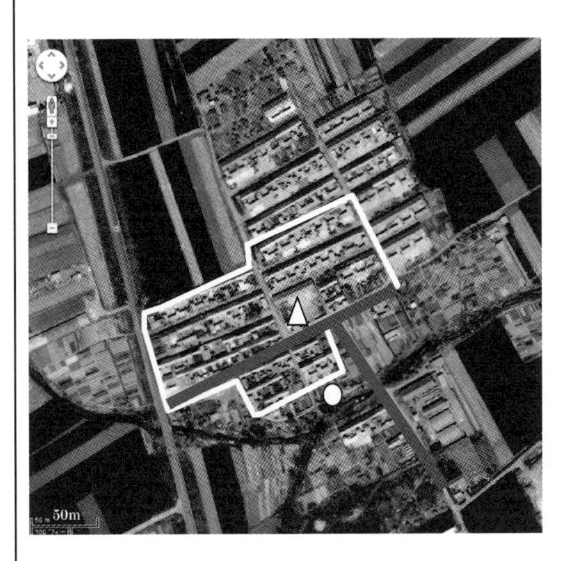

聚落形态与景观要素

○	土地庙
△	水井
▬	主干道
▭	聚落旧住宅区范围
★	家庙

创建年代	聚落地势	户数	家庙				水井			道路		聚落朝向
			无	中心型	左右型	角落型	内部型	边缘型	无	主干道形状	南北向胡同	
明永乐 1403—1424 年	东高西低	100	○				○			T 形	×	东南

No.	18	聚落名称	所后王家	图	聚落形态、景观要素

航拍图采集时间:2010 年 5 月 9 日

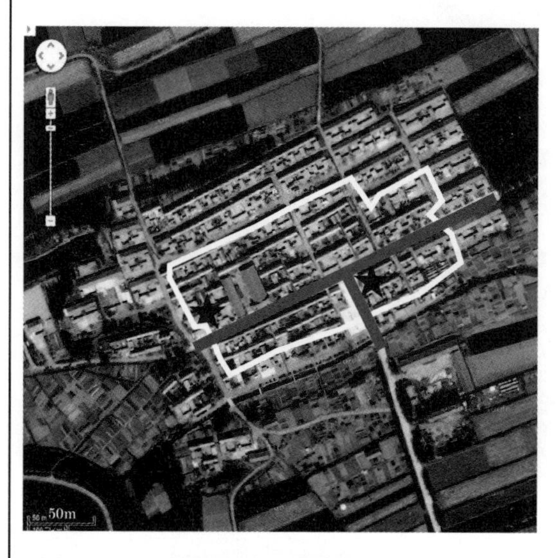

聚落形态与景观要素

●	土地庙
▲	水井
▬	主干道
▭	聚落旧住宅区范围
★	家庙

创建年代	聚落地势	户数	家庙				水井			道路		聚落朝向
			无	中心型	左右型	角落型	内部型	边缘型	无	主干道形状	南北向胡同	
明建文 1399—1402 年	西北高 东南低	118		○					○	T 形	×	东南

No.	19	聚落名称	所东张家	图	聚落形态、景观要素

航拍图采集时间：2010 年 5 月 9 日

聚落形态与景观要素

●	土地庙
▲	水井
▬	主干道
▭	聚落旧住宅区范围
★	家庙

创建年代	聚落地势	户数	家庙				水井			道路		聚落朝向
			无	中心型	左右型	角落型	内部型	边缘型	无	主干道形状	南北向胡同	
明嘉靖 1522—1566 年	西北高 东南低	108		○				○		围护型	×	东南

No.	20	聚落名称	所东王家	图	聚落形态、景观要素

航拍图采集时间：2010 年 5 月 9 日

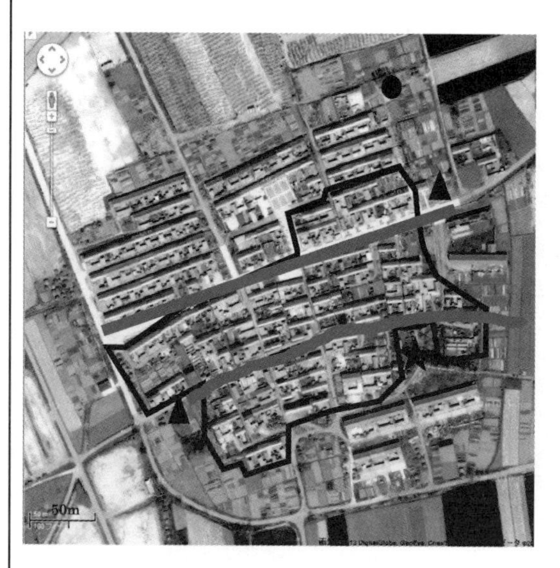

聚落形态与景观要素

●	土地庙
▲	水井
▬	主干道
▭	聚落旧住宅区范围
★	家庙

创建年代	聚落地势	户数	家庙				水井			道路		聚落朝向
			无	中心型	左右型	角落型	内部型	边缘型	无	主干道形状	南北向胡同	
明隆庆 1567—1572 年	西北高 东南低	124				○		○		聚落贯通型	×	东南

No.	21	聚落名称	宁津所	图	聚落形态、景观要素、街景

航拍图采集时间:2010 年 5 月 9 日

聚落形态与景观要素

① 

② 

③ 

街景

2012 年 8 月 23 日拍摄

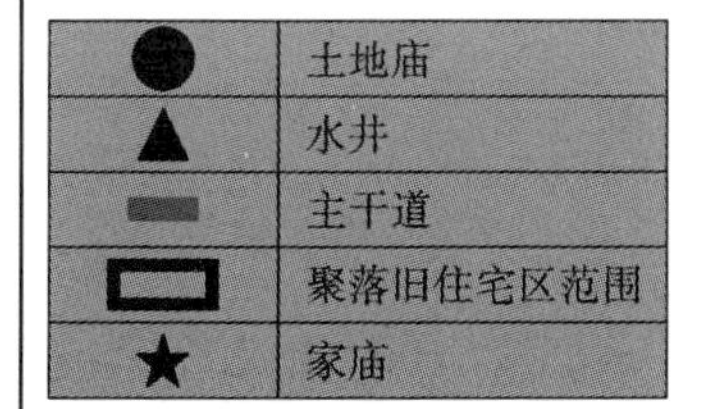

创建年代	聚落地势	户数	家庙				水井			道路		聚落朝向
			无	中心型	左右型	角落型	内部型	边缘型	无	主干道形状	南北向胡同	
明洪武 1368—1398 年	北高南低	302	○				○			十字形	×	东南

No.	22	聚落名称	卢家庄	图	聚落形态、景观要素

航拍图采集时间：2010 年 5 月 9 日

聚落形态与景观要素

图例	要素
●	土地庙
▲	水井
▬	主干道
▭	聚落旧住宅区范围
★	家庙

创建年代	聚落地势	户数	家庙				水井			道路		聚落朝向
			无	中心型	左右型	角落型	内部型	边缘型	无	主干道形状	南北向胡同	
清顺治 1644—1661 年	北高南低	98	○					○		一字形	×	东南

No.	23	聚落名称	桥上	图	聚落形态、景观要素

航拍图采集时间:2010 年 5 月 9 日

聚落形态与景观要素

●	土地庙
▲	水井
▬	主干道
▭	聚落旧住宅区范围
★	家庙

创建年代	聚落地势	户数	家庙				水井			道路		聚落朝向
			无	中心型	左右型	角落型	内部型	边缘型	无	主干道形状	南北向胡同	
清康熙 1662—1722 年	北高南低	191	○					○		聚落贯通型	×	东南、南、西南

No.	24	聚落名称	鞠家	图	聚落形态、景观要素

航拍图采集时间:2010 年 5 月 9 日

聚落形态与景观要素

○	土地庙
△	水井
▬	主干道
▭	聚落旧住宅区范围
☆	家庙

创建年代	聚落地势	户数	家庙				水井			道路		聚落朝向
			无	中心型	左右型	角落型	内部型	边缘型	无	主干道形状	南北向胡同	
明天启 1621—1627 年	西北高 东南低	150			○			○		聚落贯通型	○	西南

No.	25	聚落名称	小岔河	图	聚落形态、景观要素、街景

航拍图采集时间:2010 年 5 月 9 日

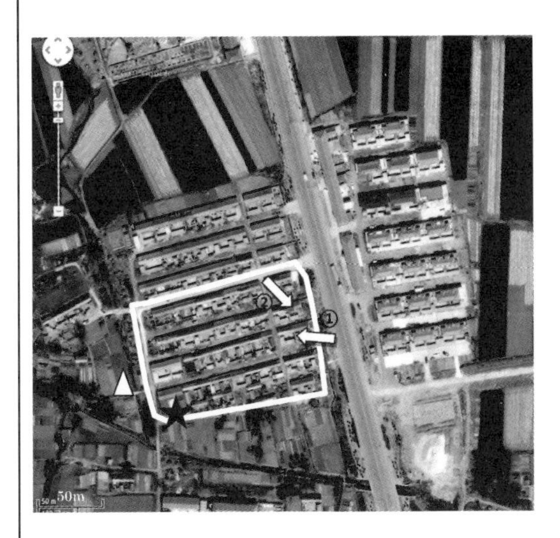

聚落形态与景观要素

①

②

街景

2012 年 12 月 28 日拍摄

●	土地庙
△	水井
▬	主干道
□	聚落旧住宅区范围
★	家庙

创建年代	聚落地势	户数	家庙				水井			道路		聚落朝向
			无	中心型	左右型	角落型	内部型	边缘型	无	主干道形状	南北向胡同	
清乾隆 1736—1795 年	北高南低	77				○		○		T 形	×	东南

No.	26	聚落名称	项家庄	图	聚落形态、景观要素

航拍图采集时间：2010 年 5 月 9 日

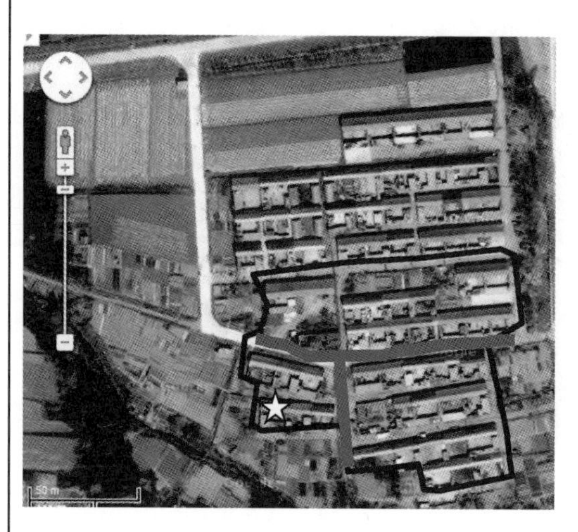

聚落形态与景观要素

●	土地庙
▲	水井
▬	主干道
▭	聚落旧住宅区范围
☆	家庙

创建年代	聚落地势	户数	家庙				水井			道路		聚落朝向
			无	中心型	左右型	角落型	内部型	边缘型	无	主干道形状	南北向胡同	
明万历 1573—1620 年	北高南低	55				○			○	T 形	×	东南

No.	27	聚落名称	大岔河	图	聚落形态、景观要素

航拍图采集时间:2010 年 5 月 9 日

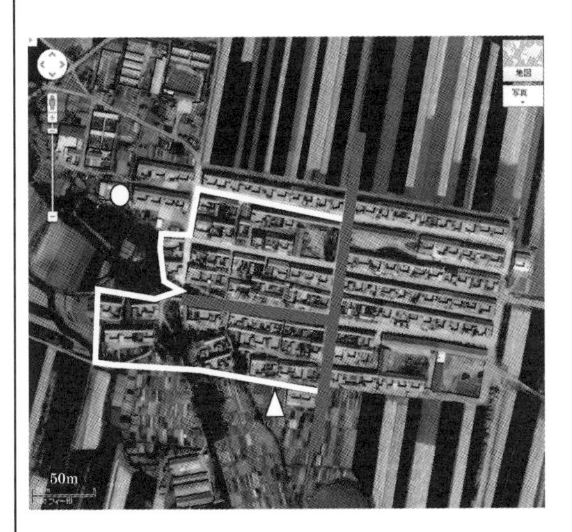

聚落形态与景观要素

○	土地庙
△	水井
▬	主干道
▭	聚落旧住宅区范围
★	家庙

创建年代	聚落地势	户数	家庙				水井			道路		聚落朝向
			无	中心型	左右型	角落型	内部型	边缘型	无	主干道形状	南北向胡同	
清康熙 1662—1722 年	西北高东南低	115	○					○		T 形	○	西南

No.	28	聚落名称	季家	图	聚落形态、景观要素、街景

航拍图采集时间:2010 年 5 月 9 日

聚落形态与景观要素

①

②

③

街景

2012 年 12 月 28 日拍摄

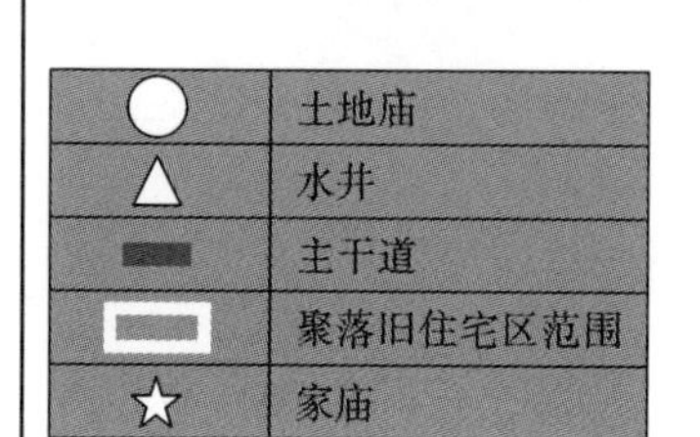

○	土地庙
△	水井
▬	主干道
▭	聚落旧住宅区范围
☆	家庙

创建年代	聚落地势	户数	家庙				水井			道路		聚落朝向
			无	中心型	左右型	角落型	内部型	边缘型	无	主干道形状	南北向胡同	
明天启 1621—1627 年	北高南低	199			○			○		T 形	○	西南

No.	29	聚落名称	所前王家	图	聚落形态、景观要素、街景

航拍图采集时间：2010 年 5 月 9 日

聚落形态与景观要素

①

②

③

街景

2012 年 12 月 28 日拍摄

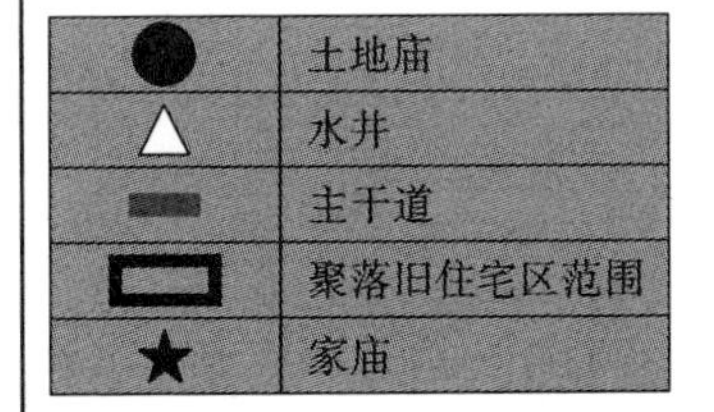

创建年代	聚落地势	户数	家庙				水井			道路		聚落朝向
			无	中心型	左右型	角落型	内部型	边缘型	无	主干道形状	南北向胡同	
明天顺 1457—1464 年	北高南低	163				○		○		十字形	○	西南

No.	30	聚落名称	曲家	图	聚落形态、景观要素

航拍图采集时间：2010 年 5 月 9 日

聚落形态与景观要素

●	土地庙
▲	水井
▬	主干道
▭	聚落旧住宅区范围
★	家庙

创建年代	聚落地势	户数	家庙				水井			道路		聚落朝向
			无	中心型	左右型	角落型	内部型	边缘型	无	主干道形状	南北向胡同	
元至正 1341—1367 年	西北高 东南低	80			○				○	一字形	×	东南

No.	31	聚落名称	周家庄	图	聚落形态、景观要素、街景

航拍图采集时间:2010 年 5 月 9 日

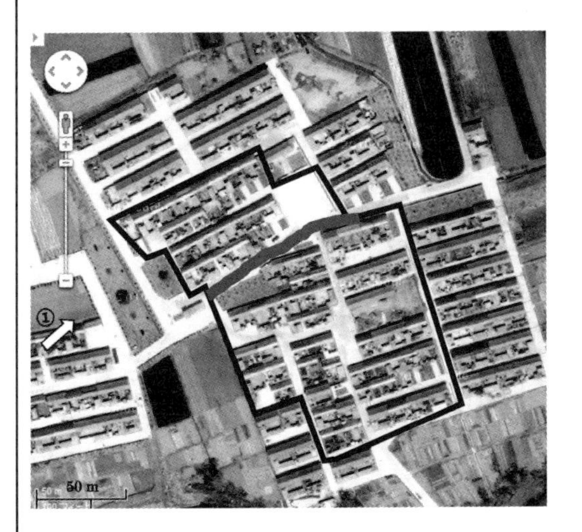

聚落形态与景观要素

① 

街景

2012 年 12 月 28 日拍摄

●	土地庙
▲	水井
▬	主干道
▭	聚落旧住宅区范围
★	家庙

创建年代	聚落地势	户数	家庙				水井			道路		聚落朝向
			无	中心型	左右型	角落型	内部型	边缘型	无	主干道形状	南北向胡同	
清康熙 1662—1722 年	西北高 东南低	103	○						○	聚落贯通型	×	东南

No.	32	聚落名称	小河东	图	聚落形态、景观要素

航拍图采集时间:2010 年 5 月 9 日

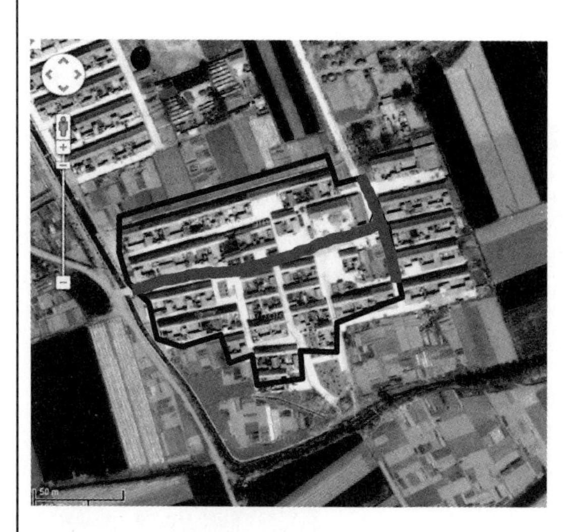

聚落形态与景观要素

●	土地庙
▲	水井
▬	主干道
▭	聚落旧住宅区范围
★	家庙

创建年代	聚落地势	户数	家庙				水井			道路		聚落朝向
			无	中心型	左右型	角落型	内部型	边缘型	无	主干道形状	南北向胡同	
清顺治 1644—1661 年	西北高 东南低	47	○						○	T 形	×	东南

No.	33	聚落名称	于家	图	聚落形态、景观要素、街景

航拍图采集时间：2010 年 5 月 9 日

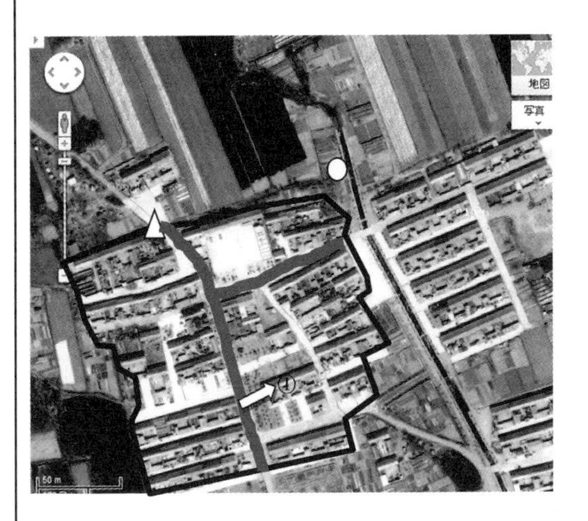

聚落形态与景观要素

街景

2012 年 12 月 28 日拍摄

○	土地庙
△	水井
▬	主干道
▭	聚落旧住宅区范围
★	家庙

创建年代	聚落地势	户数	家庙				水井			道路		聚落朝向
			无	中心型	左右型	角落型	内部型	边缘型	无	主干道形状	南北向胡同	
明万历 1573—1620 年	西北高 东南低	81	○					○		T 形	×	东南

No.	34	聚落名称	杜家	图	聚落形态、景观要素

航拍图采集时间：2010 年 5 月 9 日

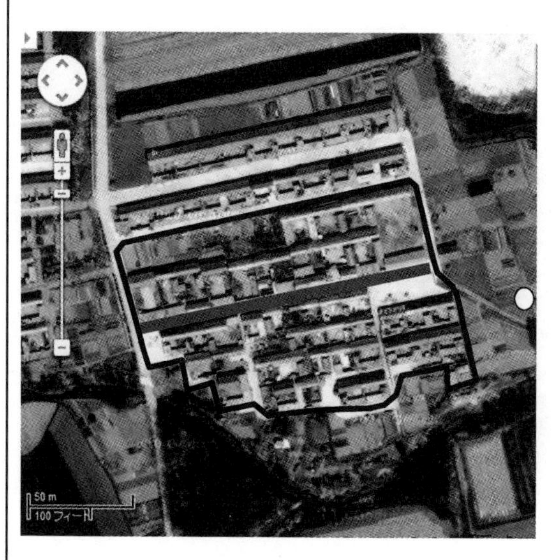

聚落形态与景观要素

○	土地庙
▲	水井
▬	主干道
▭	聚落旧住宅区范围
★	家庙

<table>
<tr><th rowspan="2">创建年代</th><th rowspan="2">聚落地势</th><th rowspan="2">户数</th><th colspan="4">家庙</th><th colspan="3">水井</th><th colspan="2">道路</th><th rowspan="2">聚落朝向</th></tr>
<tr><th>无</th><th>中心型</th><th>左右型</th><th>角落型</th><th>内部型</th><th>边缘型</th><th>无</th><th>主干道形状</th><th>南北向胡同</th></tr>
<tr><td>明崇祯
1628—1644 年</td><td>北高南低</td><td>53</td><td>○</td><td></td><td></td><td></td><td></td><td></td><td>○</td><td>聚落贯通型</td><td>×</td><td>东南</td></tr>
</table>

No.	35	聚落名称	西钱家	图	聚落形态、景观要素

航拍图采集时间:2010 年 5 月 9 日

聚落形态与景观要素

●	土地庙
▲	水井
▬	主干道
▭	聚落旧住宅区范围
★	家庙

创建年代	聚落地势	户数	家庙				水井			道路		聚落朝向
			无	中心型	左右型	角落型	内部型	边缘型	无	主干道形状	南北向胡同	
明永乐 1403—1424 年	西北高 东南低	198			○		○			聚落贯通型	×	东南

No.	36	聚落名称	徐家	图	聚落形态、景观要素

航拍图采集时间:2010 年 5 月 9 日

聚落形态与景观要素

○	土地庙
▲	水井
▬	主干道
▭	聚落旧住宅区范围
★	家庙

创建年代	聚落地势	户数	家庙				水井			道路		聚落朝向
			无	中心型	左右型	角落型	内部型	边缘型	无	主干道形状	南北向胡同	
明永乐 1403—1424 年	西北高 东南低	201			○		○			聚落贯通型	×	东南

No.	37	聚落名称	小东耩	图	聚落形态、景观要素

航拍图采集时间:2010 年 5 月 9 日

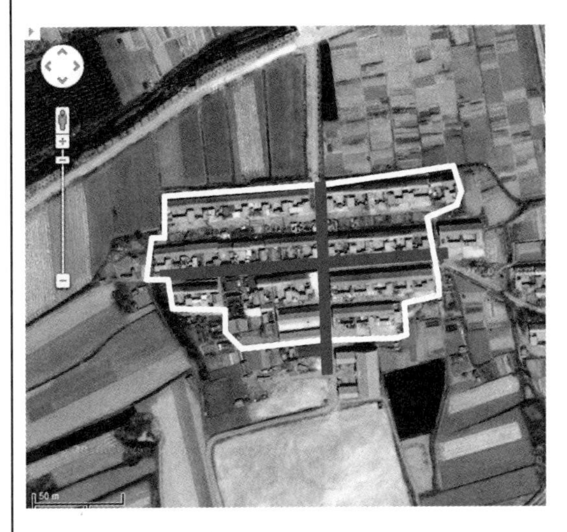

聚落形态与景观要素

●	土地庙
▲	水井
▬	主干道
▭	聚落旧住宅区范围
★	家庙

创建年代	聚落地势	户数	家庙				水井			道路		聚落朝向
			无	中心型	左右型	角落型	内部型	边缘型	无	主干道形状	南北向胡同	
清末 190? —1911 年	南高北低	不明	○						○	十字形	×	南

No.	38	聚落名称	北场	图	聚落形态、景观要素、街景

航拍图采集时间:2010 年 5 月 9 日

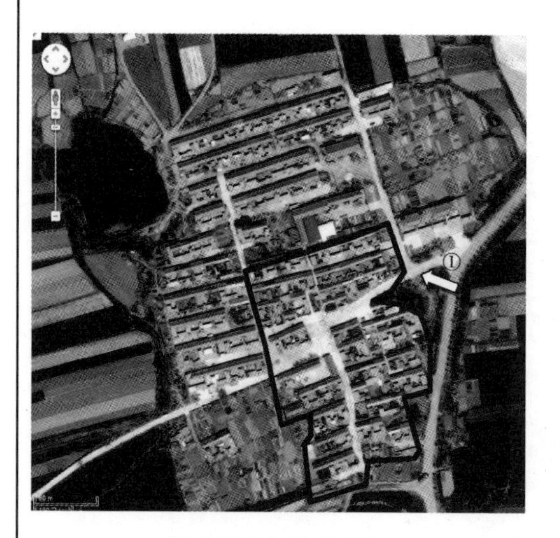

聚落形态与景观要素

①

街景

2012 年 12 月 28 日拍摄

●	土地庙
▲	水井
▬	主干道
▭	聚落旧住宅区范围
★	家庙

创建年代	聚落地势	户数	家庙				水井			道路		聚落朝向
			无	中心型	左右型	角落型	内部型	边缘型	无	主干道形状	南北向胡同	
清康熙 1662—1722 年	西北高 东南低	113	○						○	T 形	×	东南

No.	39	聚落名称	渠隔	图	聚落形态、景观要素、街景

航拍图采集时间：2010 年 5 月 9 日

聚落形态与景观要素

街景

2012 年 12 月 28 日拍摄

●	土地庙
▲	水井
▬	主干道
▭	聚落旧住宅区范围
★	家庙

创建年代	聚落地势	户数	家庙				水井			道路		聚落朝向
			无	中心型	左右型	角落型	内部型	边缘型	无	主干道形状	南北向胡同	
元至正 1341—1367 年	西北高 东南低	245		○			○			聚落贯通型	○	西南、南

No.	40	聚落名称	留村	图	聚落形态、景观要素、街景

航拍图采集时间:2010 年 5 月 9 日

聚落形态与景观要素

①

②

③

街景

2012 年 8 月 23 日拍摄

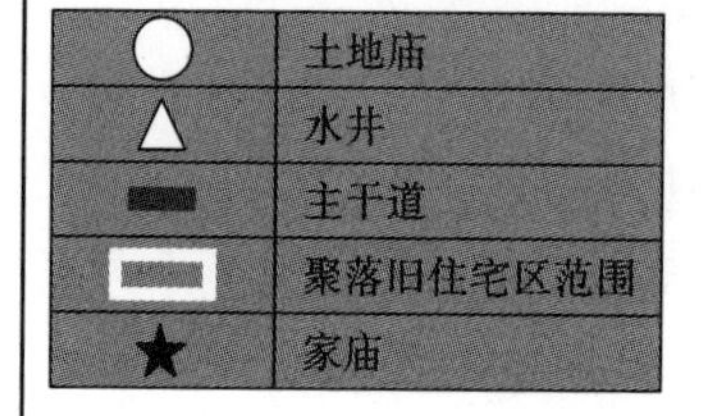

创建年代	聚落地势	户数	家庙				水井			道路		聚落朝向
			无	中心型	左右型	角落型	内部型	边缘型	无	主干道形状	南北向胡同	
元至元 1335—1340 年	北高南低	295		○				○		聚落贯通型	×	东南

No.	41	聚落名称	口子	图	聚落形态、景观要素

航拍图采集时间:2010 年 5 月 9 日

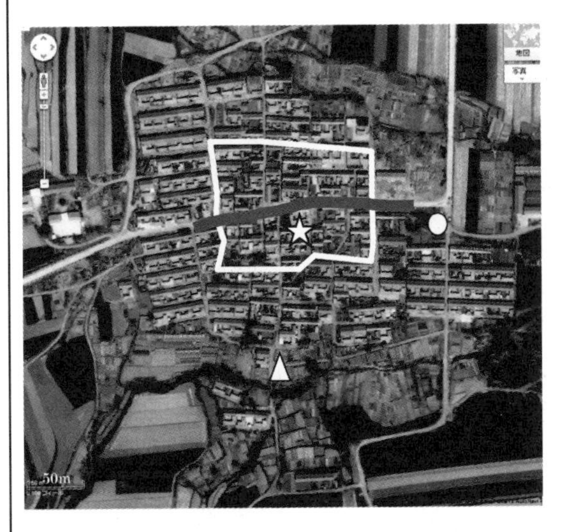

聚落形态与景观要素

○	土地庙
△	水井
▬	主干道
▭	聚落旧住宅区范围
☆	家庙

创建年代	聚落地势	户数	家庙				水井			道路		聚落朝向
			无	中心型	左右型	角落型	内部型	边缘型	无	土干道形状	南北向胡同	
明宣德 1426—1435 年	西高东低	175		○				○		聚落贯通型	×	西南、南

No.	42	聚落名称	南夏家	图	聚落形态、景观要素、街景

航拍图采集时间：2010 年 5 月 9 日

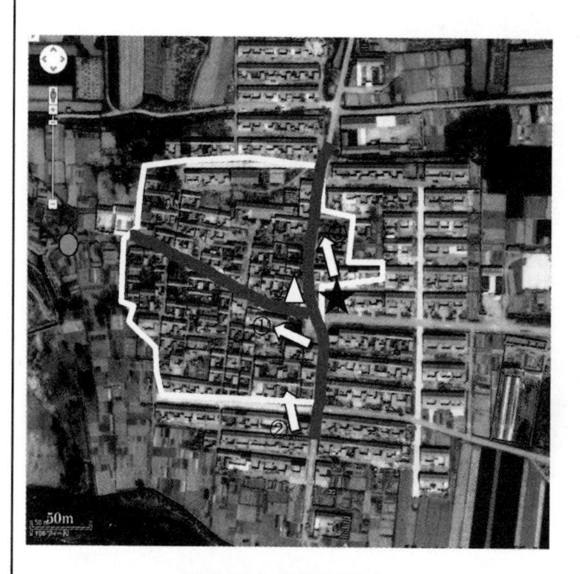

聚落形态与景观要素

街景

2012 年 12 月 28 日拍摄

●	土地庙
△	水井
▬	主干道
▭	聚落旧住宅区范围
★	家庙

创建年代	聚落地势	户数	家庙				水井			道路		聚落朝向
			无	中心型	左右型	角落型	内部型	边缘型	无	主干道形状	南北向胡同	
清雍正 1723—1735 年	西北高 东南低	190			○			○		T 形	○	西南

No.	43	聚落名称	殷家	图	聚落形态、景观要素、街景

航拍图采集时间:2010 年 5 月 9 日

聚落形态与景观要素

①

②

街景

2012 年 12 月 28 日拍摄

○	土地庙
▲	水井
▬	主干道
▭	聚落旧住宅区范围
★	家庙

创建年代	聚落地势	户数	家庙				水井			道路		聚落朝向
			无	中心型	左右型	角落型	内部型	边缘型	无	主干道形状	南北向胡同	
明崇祯 1628—1644 年	北高 南低	39	○					○		聚落贯通型	×	东南

No.	44	聚落名称	东苏家	图	聚落形态、景观要素、街景

航拍图采集时间：2010 年 5 月 9 日

聚落形态与景观要素

①

②

街景

2012 年 12 月 28 日拍摄

○	土地庙
△	水井
▬	主干道
▭	聚落旧住宅区范围
☆	家庙

创建年代	聚落地势	户数	家庙				水井			道路		聚落朝向
			无	中心型	左右型	角落型	内部型	边缘型	无	主干道形状	南北向胡同	
明万历 1573—1620 年	西北高 东南低	162			○			○		T 形	×	东南、南

No.	45	聚落名称	东墩	图	聚落形态、景观要素、街景

航拍图采集时间:2010 年 5 月 9 日

聚落形态与景观要素

①

②

③

街景

2012 年 12 月 28 日拍摄

创建年代	聚落地势	户数	家庙				水井			道路		聚落朝向
			无	中心型	左右型	角落型	内部型	边缘型	无	主干道形状	南北向胡同	
明嘉靖 1522—1566 年	西高 东低	467		○				○		井字形	×	东南

No.	46	聚落名称	南泊	图	聚落形态、景观要素、街景

航拍图采集时间:2010 年 5 月 9 日

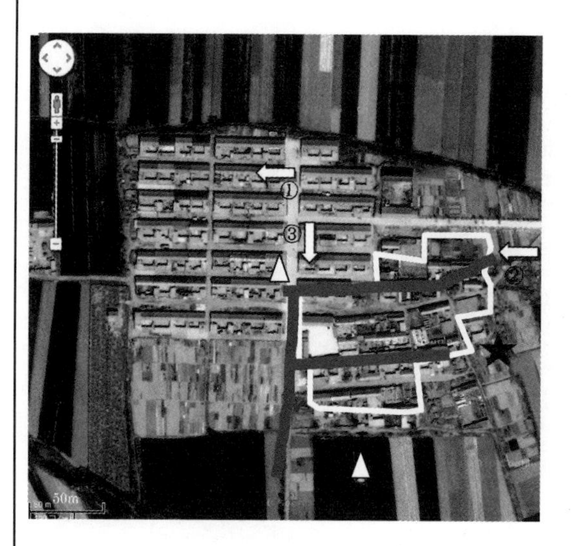

聚落形态与景观要素

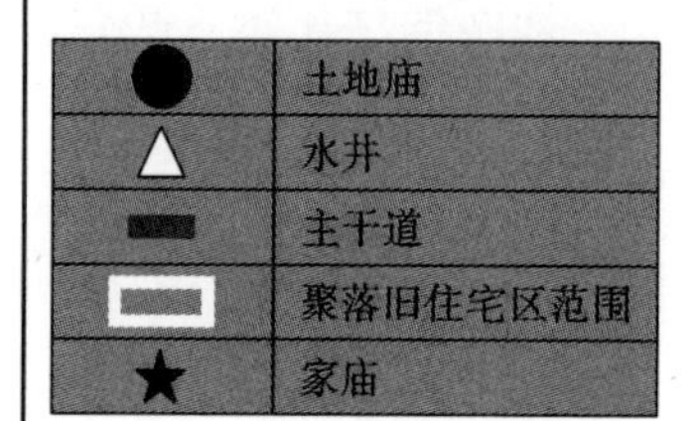

①

②

③

街景

2012 年 12 月 28 日拍摄

创建年代	聚落地势	户数	家庙				水井			道路		聚落朝向
			无	中心型	左右型	角落型	内部型	边缘型	无	主干道形状	南北向胡同	
明洪武 1368—1398 年	北高南低	75			○		○			F 形	×	东南

No.	47	聚落名称	南港头	图	聚落形态、景观要素、街景

航拍图采集时间：2010 年 5 月 9 日

聚落形态与景观要素

①

②

③

街景

2012 年 12 月 28 日拍摄

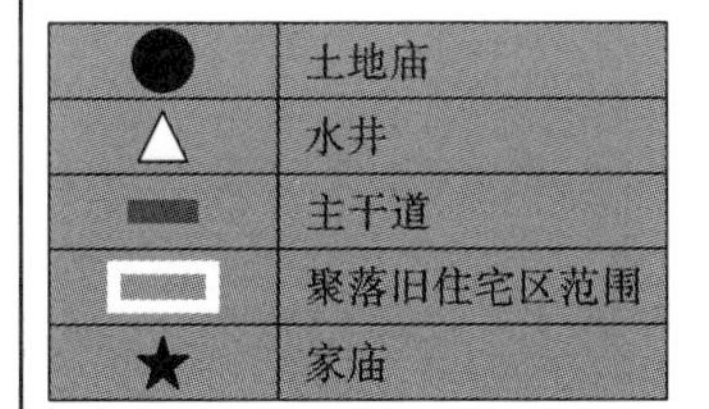

创建年代	聚落地势	户数	家庙				水井			道路		聚落朝向
			无	中心型	左右型	角落型	内部型	边缘型	无	主干道形状	南北向胡同	
明嘉靖 1522—1566 年	北高南低	465		○			○			聚落贯通型	○	西南、南

No.	48	聚落名称	苑家	图	聚落形态、景观要素、街景

航拍图采集时间：2010 年 5 月 9 日

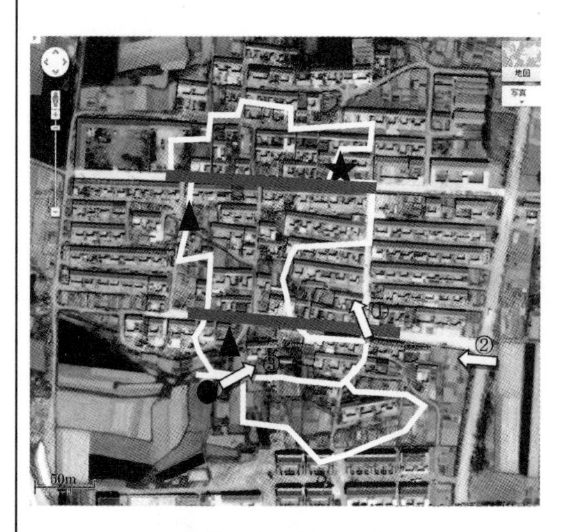

聚落形态与景观要素

①

②

③

街景

2012 年 12 月 28 日拍摄

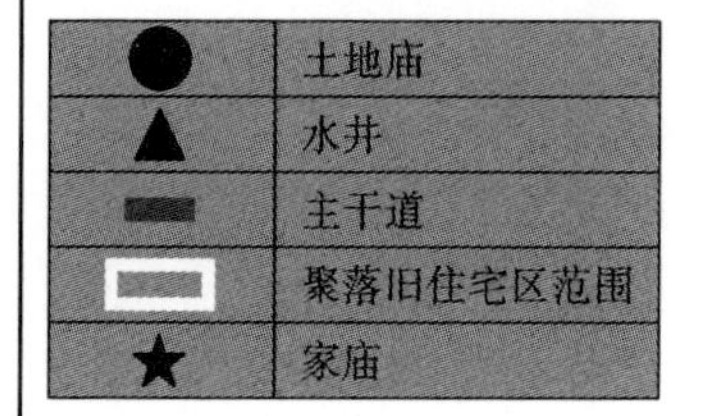

创建年代	聚落地势	户数	家庙				水井			道路		聚落朝向
			无	中心型	左右型	角落型	内部型	边缘型	无	主干道形状	南北向胡同	
明万历 1573—1620 年	西高东低	159			○			○		聚落贯通型	○	西南

No.	49	聚落名称	东南海	图	聚落形态、景观要素、街景

航拍图采集时间:2010 年 5 月 9 日

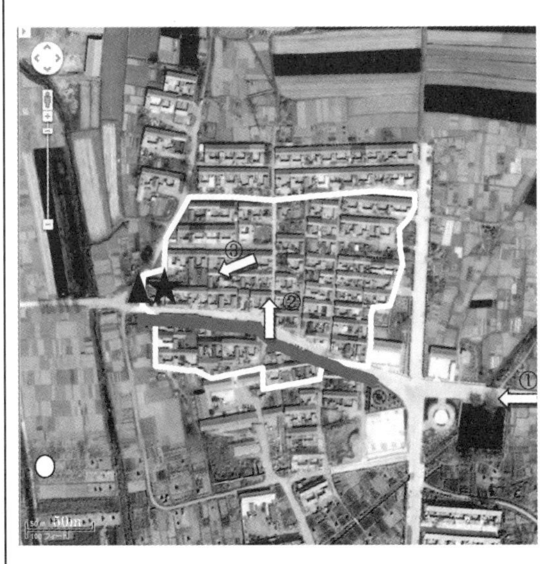

聚落形态与景观要素

① 

② 

③ 

街景

2012 年 12 月 28 日拍摄

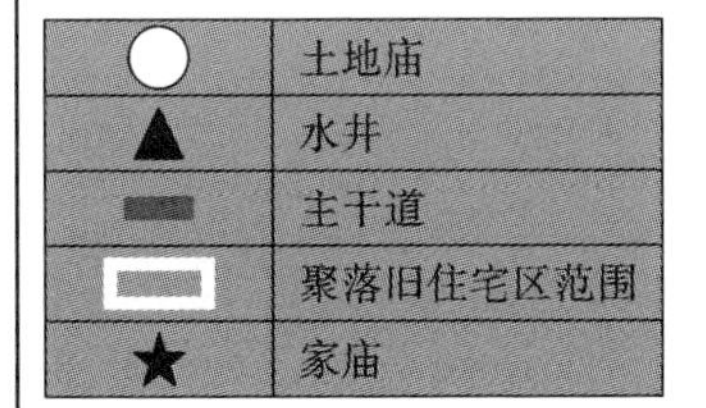

<table>
<tr><th rowspan="2">创建年代</th><th rowspan="2">聚落地势</th><th rowspan="2">户数</th><th colspan="4">家庙</th><th colspan="3">水井</th><th colspan="2">道路</th><th rowspan="2">聚落朝向</th></tr>
<tr><th>无</th><th>中心型</th><th>左右型</th><th>角落型</th><th>内部型</th><th>边缘型</th><th>无</th><th>主干道形状</th><th>南北向胡同</th></tr>
<tr><td>清康熙
1662—1722 年</td><td>北高南低</td><td>168</td><td></td><td></td><td>○</td><td></td><td></td><td>○</td><td></td><td>聚落贯通型</td><td>○</td><td>西南、南</td></tr>
</table>

No.	50	聚落名称	西南海	图	聚落形态、景观要素、街景

航拍图采集时间:2010 年 5 月 9 日

聚落形态与景观要素

①
②
③

街景
2012 年 12 月 28 日拍摄

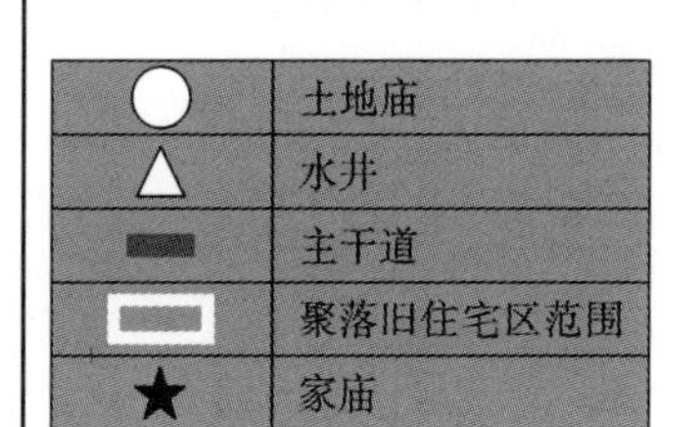

创建年代	聚落地势	户数	家庙				水井			道路		聚落朝向
			无	中心型	左右型	角落型	内部型	边缘型	无	主干道形状	南北向胡同	
元至正 1341—1367 年	西北高东南低	231				○		○		聚落贯通型	×	南

No.	51	聚落名称	青木寨	图	聚落形态、景观要素、街景

航拍图采集时间:2010 年 5 月 9 日

聚落形态与景观要素

①

②

③

街景

2012 年 12 月 28 日拍摄

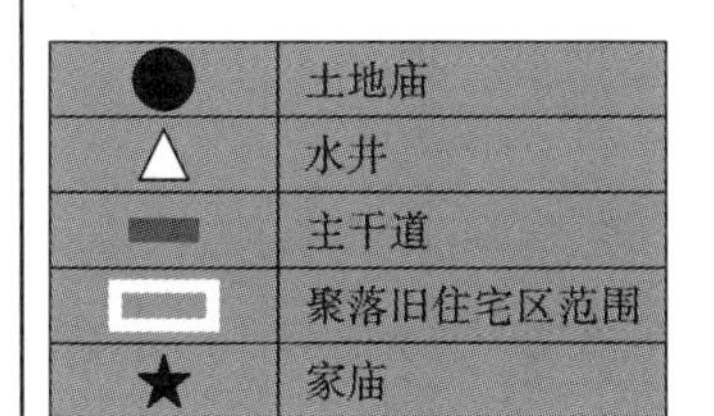

创建年代	聚落地势	户数	家庙				水井			道路		聚落朝向
			无	中心型	左右型	角落型	内部型	边缘型	无	主干道形状	南北向胡同	
清乾隆 1736—1795 年	北高 南低	131	○					○		聚落贯通型	×	南

No.	52	聚落名称	山前	图	聚落形态、景观要素、街景

航拍图采集时间:2010 年 5 月 9 日

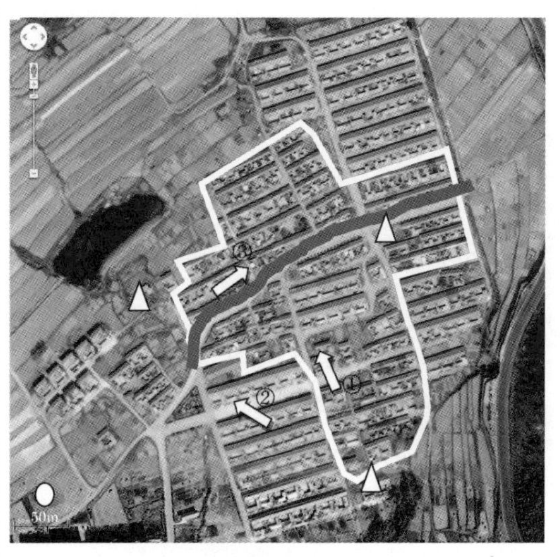

聚落形态与景观要素

①

②

③

街景

2012 年 12 月 28 日拍摄

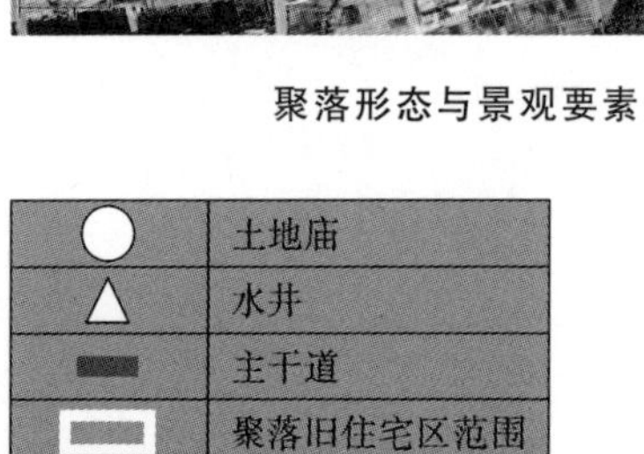

创建年代	聚落地势	户数	家庙				水井			道路		聚落朝向
			无	中心型	左右型	角落型	内部型	边缘型	无	主干道形状	南北向胡同	
清康熙 1662—1722 年	西北高 东南低	260	○					○		聚落贯通型	×	东南